猫应用行为学

了解猫的行为并改善猫福利

[英] 特鲁迪·阿特金森 （Trudi Atkinson） 著

英国临床动物行为学家

任　阳　李智华　主译

 CABI　中国农业科学技术出版社

Title: Practical feline behaviour : understanding cat behaviour and improving welfare / Trudi Atkinson.

书名：猫应用行为学：了解猫的行为并改善猫福利 / 特鲁迪·阿特金森

Identifiers: LCCN 2017060813 (print) | LCCN 2017061262 (ebook) | ISBN 9781780647821 (pdf) | ISBN 9781780647814 (ePub) | ISBN 9781780647838 (pbk.: alk. paper)

著作权合同登记号: 01-2011-6711

图书在版编目（CIP）数据

猫应用行为学 /（英）特鲁迪·阿特金森（Trudi Atkinson）著；任阳，李智华主译 . -- 北京：中国农业科学技术出版社，2022.1

书名原文：Practical Feline Behaviour

ISBN 978-7-5116-5591-2

Ⅰ.①猫… Ⅱ.①特…②任…③李… Ⅲ.①猫—动物行为 Ⅳ.① Q958.12

中国版本图书馆 CIP 数据核字（2021）第 246049 号

责任编辑　张志花
责任校对　马广洋
责任印制　姜义伟　王思文

出　版　者　中国农业科学技术出版社
　　　　　　北京市中关村南大街 12 号　邮编：100081
电　　　话　（010）82106636（编辑室）　（010）82109702（发行部）
　　　　　　（010）82109709（读者服务部）
传　　　真　（010）82106631
网　　　址　http://www.castp.cn
经　销　者　各地新华书店
印　刷　者　北京地大彩印有限公司
开　　　本　190 mm × 245 mm　16 开
印　　　张　18.25
字　　　数　350 千字
版　　　次　2022 年 1 月第 1 版　2022 年 1 月第 1 次印刷
定　　　价　280.00 元

译者名单

主　译　任　阳

博士，毕业于浙江大学动物科学学院，动物营养与饲料科学专业。现任上海福贝宠物用品股份有限公司研究院院长，主持犬猫营养研发工作。

李智华

硕士，毕业于贝尔卡斯特女王大学，动物行为与福利专业。现任上海福贝宠物用品股份有限公司研究院研发主管，从事犬猫行为与福利研究。

参　译　（按姓氏笔画排序）

田　甜　关辰禹　李　翊　汪　毅　张礼根

张亚男　周宪河　郑　珍　党　涵　高子朔

唐一鸣

译著序

随着经济社会的发展，宠物经济呈现出蓬勃的生命力。据统计，2020年中国城镇宠物（犬猫）消费市场规模达2 065亿元，犬猫数量超过1亿只，其中猫的数量增长较为明显，达到了4 862万只（数据源自派读宠物行业大数据平台发布的《2020年中国宠物行业白皮书》）。

猫作为室内饲养的宠物具有天然优势。养猫不需要花费太多精力，主人在养宠物的同时可以花更多时间在自己喜欢的事情上；猫不需要训练，也不需要带出去遛；出差时放好食物和水，无需寄养，因此，猫备受都市白领的青睐。但是，宠物主人对猫的语言和行为了解得相对较少，尤其是多宠家庭。中国暂时还没有专门针对犬猫行为的治疗科室。在室内，人宠空间高度交叉，如果不了解相关的猫行为学知识，可能导致猫出现行为问题，进而损伤猫的福利，更甚者危害到主人的健康。接受宠物训练的宠物主人中有超过一半的人是为了纠正宠物的不良行为，由此可见，了解猫的行为学有助于使人宠关系更加和谐，帮助宠物主人预防并及时发现爱宠的行为异常，提高宠物猫的动物福利以及维护猫咪的身体健康。

为帮助猫主人和其他从业人员充分理解猫的行为，福贝研究院组织翻译了《猫应用行为学》一书。本书通过大量图片与文字配合，系统地阐述了家猫的起源和进化、猫的感觉（视觉、听觉、嗅觉、触觉、平衡）、猫科动物的交流与社交，进食和捕食行为，繁殖行为和幼猫的发育，学习以及训练行为，行为问题的预防以及治疗等内容，书内还附有给宠物主人、繁育者、兽医以及其他从业人员的实用性建议，希望能够为读者提供专业的实用信息来促进人宠和谐生活。

最后，祝愿宠物主人都能够了解猫的行为语言，与爱猫和谐共处。

上海福贝宠物用品股份有限公司　董事长

2021年12月2日

关于作者

Trudi 小时候就想做动物相关的工作，如果被问到长大后想做什么，她的标准答案是"动物学家"。直到她被告知 18 岁前她需要留在学校继续学习！在那之后，她放弃了崇高的学术抱负，但做动物相关工作的愿望以某种方式仍在继续。Trudi 17 岁离开学校后从事过各种工作，期间曾担任动物园管理员，1983年进入兽医行业，并于 1986 年获得兽医护士资格。

她从事兽医工作长达 17 年，在担任护士期间，对伴侣动物的行为产生了兴趣。经过进修，Trudi 于 1999 年获得了南安普敦大学伴侣动物行为咨询高级认证。同年，她成为宠物行为顾问协会（APBC）的正式成员，并于 2003 年根据动物行为研究协会（ASAB）的认证计划获得了临床动物行为学家（CCAB）的认证。

尽管之前曾与犬和猫一起工作，但猫科动物的行为和福利一直都是她的主要兴趣领域，现在是她唯一的关注点。

Trudi 在英格兰西南部经营猫科动物行为转介诊所，2018 年，她被国际动物行为顾问协会（IAABC）认证为猫科动物顾问。她还为英国小动物兽医协会（BSAVA）、英国兽医护理协会（BVNA）、英国兽医行为协会（BVBA）和宠物行为顾问协会（APBC）等组织发表了大量演讲并撰写了书面文章和书籍章节。

为了跟上最新的研究，持续的专业发展是任何临床动物行为学家的必须要求，这在不断发展的猫科动物行为学领域尤为重要。因此，在 18 岁之后的数十年间，Trudi 仍然在学习！

原著序

关于犬的行为、训练和行为障碍的书籍有数百本：为什么关于猫的书这么少？是猫根本不值得主人理解，还是有其他因素？

这种差异并不能反映它们的受欢迎程度：英国和美国的宠物猫和犬的数量大致相等。难道犬比猫有更多的行为障碍？这取决于"行为障碍"的确切定义方式，但确实存在少量信息表明，英国大约有一半的猫经常表现出某种行为，表明它们的福利受到损害，或这种行为主人难以接受（或两者都有——详见第1章）。因此，本书中解决的问题远非深奥晦涩的专业问题，而是适用于数以千万计的猫，并且可以说，如果它们的主人从头到尾阅读此书，那么每一只猫都会过得更好。所以，猫是如何让主人认为它们需要的帮助比犬少的呢？

在一定程度上，这必须归因于猫的典型个性——或者至少是对它们日常生活方式的传统解释。猫通常被描绘成独立的动物，被描述为"冷漠""孤独"，甚至"反社会"。从历史上看，这种态度源于家猫作为灭鼠者的传统角色。甚至就在半个世纪前，大多数宠物猫还被允许四处游荡并通过捕猎获取一些食物，这被视为其本性的一部分，只有让它们自己动手才能实现这一点。

这种先入之见背后的确有生物学逻辑。犬会对主人形成强烈的依恋，愿意跟随主人去任何地方，不同的是，猫会对它们所居住的地方形成强烈的依恋。这并不是说它们无法与主人建立亲密的关系，但安全的住所总是第一位的——因此建议在搬家后将猫留在室内至少两周，这段时间可让猫忘记它对旧房子的依恋，并知道新房子拥有它需要的一切。本书中讨论的许多行为障碍都源于猫的周围环境没有像它希望的那样安全。

如今主人对猫的期望已经改变。许多猫住在公寓里，一生都被关在室内。捕猎被认为是不必要的嗜血和残忍的行为，更不用说它对野生动物种群的假设影响了。曾经猫的滥交行为被用来暗讽人类，但目前已很少能见到这种行为，因为人们普遍采用绝育来控制猫的数量。在一个世纪前，淹死不想要的幼猫并不引人注目，而现在可以把肇事者判刑。

与此同时，猫本身的生理特征几乎没有变化，因此，需要主人的帮助来应对20世纪的生活压力。如今大多数宠物猫都是个体之间无计划交配的后代，这些个体因各种原因未被绝育，其决定领地和捕猎行为的潜在遗传基因得到了延续。因此，猫能够适应主人现在对它们提出的各种要求的唯一方法就是学习，而本书中描述的许多问题都源于它们无法适应。其中许多是可以预防的，只要主人、饲养员和兽医专业人士更多地了解猫的心理以及学习如何更好地满足它们的需求。

关于犬的行为有很多建议——遗憾的是，其中一些是相互矛盾的——但对猫主人来说却很少。这本书是该领域最受欢迎的补充，如果可能的话，每只猫都会感谢其主人的阅读。

John Bradshaw

2018 年 3 月

前 言

常言道"懂的东西越多，就会发现自己不懂的东西越多"，当然也可以应用于家猫的行为。从表面上看，猫似乎是简单、不复杂的动物，除了吃就是占据我们的生活空间，在最舒适的椅子上或在火炉前睡觉。但是，对它们的行为了解得越多，就会发现它们所表现出来的就越有趣和复杂。

从历史上看，人类对宠物猫的健康、福利和行为的普遍兴趣及认知仅次于犬类。当我 30 多年前开始担任兽医护士时，这无疑是正确的。即使大约 10 年后，当我继续研究伴侣动物的行为时，重点仍然主要是狗的行为。但事情正在发生变化：尽管对犬科动物行为的科学兴趣和研究仍然更多，但对猫科动物行为的研究和由此产生的知识无疑正在增加和改进。然而，与有关犬类行为的书籍数量相比，仍然很少有专门针对猫科动物行为的，尤其是那些基于科学研究的书籍，而在确实存在的书籍中，大多数主要面向学习伴侣动物行为的学生或兽医专业人士。事实上，这本书最初是在 Stephanie Hedges 出色的《犬应用行为学》（*Practical Canine Behaviour*）之后提议的，目标受众是专门的兽医护士和技术人员。但是在与 CABI 的优秀人员进行了一些考量和讨论后，决定扩大范围至对猫科动物行为感兴趣的任何人，尤其是对专业性感兴趣的人，但不仅限于此。

本书分为两部分。

第一部分有助于增加对正常猫科动物行为的了解：包括家猫的进化，猫如何感知周围的世界，它们如何交流、捕猎、繁殖和学习，以及和行为密切相关的身体健康、应激等相关知识。

第二部分为参与照顾猫的特定人群提供建议和信息：饲养员、当前和未来的猫主人、兽医专业人员、收容所和猫舍工作人员等。但是，无论您认为自己属于哪种身份，阅读所有这些章节能为您提供良好的猫科动物护理和行为福利的整体图景。

致 谢

在写这样一本书的过程中，我学到了两件非常重要的事情：一是向其他人寻求帮助和建议有多么频繁；二是人们乐于助人和慷慨的程度是多么令人难以置信。

因此，我要感谢在这次创作中帮助过我的每个人，其中贡献最大的包括：Neil Andrews，Julie Bedford BSc（Hons）PGCE PGDipCABC CCAB，Dr. Sarah Ellis BSc（Hons）PGDipCABC PhD，Celia Haddon MA BSc MSc，Jackie Hart，Stephanie Hedges BSc（Hons）CCAB，Penny Stephens，Caroline Warnes BVSc MSc CCAB MRCVS and Clare Wilson MA VetMB CCAB MRCVS PGDipCABC.

还要感谢 CABI 出版社出色的团队（尤其是 Penguins），以及为我查找文献指出正确方向的其他所有人，他们在我构思用词时帮助了我，或者提出了他们的想法和建议。

最后，致我亲爱的丈夫 Alan，感谢他，在过去两年里几乎毫无怨言地成为了一名作家的"鳏夫"，不过他建设性地利用这段时间磨炼了做家务、烹饪和熨烫技巧。还要感谢 Tui 在我写作的过程中一直陪伴我，给我的电脑键盘上留下一些猫毛。

目　　录

第一部分
理解猫的行为

为了能够预防行为问题并确保宠物猫获得最佳的行为福利，有必要了解一些猫正常的行为和影响行为的因素。当然，知道做什么和怎么做必不可少，但理解为什么同样重要。

本书这一部分旨在提供与行为解释相关的信息，并提供对家猫的历史、生理还有行为的一些见解。

1 家猫的起源和进化

　　根据动物分类，猫科动物大约有 40 个不同的种（表 1.1），这些种均起源于 1 100 万年前生活在东南亚的一种类似豹子的食肉动物假猫（O'Brien 和 Johnson，2007）。除了家猫以外，众所周知的猫科动物有狮、虎、豹等豹亚科大型猫科动物。猫科同时也包含大量的小型猫科动物，其中有一个群体被通称为野猫，属于野猫亚种（表 1.2）。

　　身体相似性分析显示家猫（*Felis silvestris catus*）起源于这些小型野猫中的一种或几种。DNA 测试结果表明家猫与非洲野猫（*Felis silvestris lybica*）亲缘关系最近，它们大部分 DNA 序列完全相同，说明非洲野猫是家猫的原始祖先（Lipinski 等，2008）。

非洲野猫

　　非洲野猫至今仍然存在，是源于北非和近东地区的一种独居及高领地性动物，该地区被认为是家猫首次被驯化的地方（Driscoll 等，2007；Faure 和 Kitchener，2009）。非洲野猫是夜间活动的捕猎者，主要捕食啮齿动物，也捕食昆虫、爬行动物和其他哺乳动物，如小羚羊的幼崽。它也被称为阿拉伯野猫或北非野猫，外观与有条纹的家猫相似，都有灰色或沙色条纹的被毛，但体型稍大、腿更长（图 1.1）。

　　长期以来，甚至在 DNA 有力证据出现之前，野猫北非亚种一直被认为是家猫祖先的主要候选品种，这不仅因为身体相似性、本地起源，还因为相对于其他野猫它的攻击性较低。而且据报道，已经成功尝试驯化非洲野猫的幼猫并使之与人类社交。其他野猫，虽然外观看起来也与家猫相似，可并不容易驾驭。欧洲野猫（*Felis s. sylvestris*），也被称为苏格兰野猫，特别难以驯服，即使很小就被饲养并与人类交往得很好，仍然存有恐惧和攻击性（Bradshaw，2013；Serpell，2014）。

表 1.1　猫科动物分类

属名	通用名	学名
豹属及云豹属		
	狮	*Panthera leo*
	豹	*Panthera pardus*
	美洲豹	*Panthera onca*
	虎	*Panthera tigris*
	雪豹	*Panthera uncia*
	云豹	*Neofelis nebulosi*
	马来云豹	*Neofelis diardi*
金猫属及纹猫属		
	亚洲金猫	*Catopuma temminckii*
	婆罗洲金猫	*Catopuma badia*
	石纹猫	*Pardofelis marmorata*
狞猫属及薮猫属		
	狞猫	*Caracal caracal*
	非洲狞猫	*Caracal aurata*
	薮猫	*Leptailurus serval*
虎猫属		
	乔氏虎猫	*Leopardus geoffroyi*
	南美林虎猫	*Leopardus guigna*
	小斑虎猫	*Leopardus tigrinus*
	南美小斑虎猫	*Leopardus guttulus*
	安第斯山虎猫	*Leopardus jacobita*
	长尾虎猫	*Leopardus wiedii*
	南美草原虎猫	*Leopardus colocolo*
	虎猫	*Leopardus pardalis*
猞猁属		
	西班牙猞猁	*Lynx pardinus*
	猞猁	*Lynx lynx*
	加拿大猞猁	*Lynx Canadensis*
	短尾猫	*Lynx rufus*
美洲金猫属、		
猎豹属和细腰猫属		
	美洲狮	*Puma concolor*
	猎豹	*Acinonyx jubatus*
	细腰猫	*Herpailurus yagouaoundi*
豹猫属及兔狲属		
	豹猫	*Prionailurus bengalensis*
	渔猫	*Prionailurus viserrinus*
	扁头豹猫	*Prionailurus planiceps*
	锈斑豹猫	*Prionailurus rubiginosus*
	兔狲	*Octocolbus manul*
猫属		
	野猫	*Felis silvestris*
	沙漠猫	*Felis margarita*
	黑足猫	*Felis nigripes*
	丛林猫	*Felis Chaus*

表 1.2　小型野猫亚种（*Silvestris* spp.）

通用名	学名
欧洲（苏格兰）野猫	*Felis silvestris silvestris*
印度沙漠猫	*Felis silvestris ornata*
中国山猫	*Felis silvestris bieti*
南非野猫（丛林猫）	*Felis silvestris cafra*
非洲野猫（北非或阿拉伯野猫）	*Felis silvestris lybica*
家猫	*Felis silvestris catus*

图 1.1　非洲野猫（野猫北非亚种）。家猫可能性最大的祖先。

驯化

定义

被驯化的动物与被驯化的物种之间是有明显差异的。

- **被驯化的动物**指一个来自野生种群的个体，经过训练不再害怕人类。人类对其同一物种的其他个体或者该物种的遗传基因没有任何影响。
- **被驯化的物种**指的是动物行为、生理和遗传方面因人工选育发生改变而独立出来的一个群体。驯化是一个循序渐进的过程，可能需要数个世代才能完成。

猫科动物驯养的开始

大约 10 000 年前，人们开始在中东一个被称为新月沃地的地区驯化猫（图 1.2）（Vigne 等，2004；Driscoll 等，2007；Lipinski 等，2008；Bradshaw，

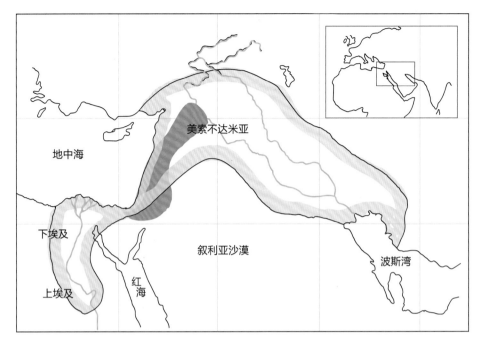

图 1.2 新月沃地，据说是猫开始被驯养的地区。图中粉色表示 12 800~10 300 年前纳吐夫人居住的区域，纳吐夫人第一个建造了永久性石屋，被认为是农业的鼻祖。

2013）。这个地区的名称源于它被认为是 12 800~10 300 年前纳吐夫时期农业的发源地。纳吐夫人第一个建造了永久性石屋，被认为是农业的鼻祖（Bar-Yosef，1998）。

也许为了保证全年的食物供应，他们必须储存农作物。谷物和其他食物的储存会吸引有害动物，同时人们认为储存农作物这种行为是家鼠（小鼠，拉丁名称 *Mus.musculus*）进化以及最终出现广泛多样性的重要原因。这些小鼠和其他啮齿类动物如大鼠，很可能在人类聚居地附近大量存在。考古发现的陶瓷捕鼠器也证实了以上观点（Filer，2003）。但另一种控制啮齿类动物的方式也可能以天然捕猎者的形式自动出现，如非洲野猫，它们因猎物数量多、易捕食而被吸引到人类的聚居地。

据推测出现猫的驯化有多种原因。

- 能更好地适应在人类聚居地附近生活的猫，捕猎机会增加，生存下来的可能性更大。因此，从理论上讲，猫可能通过增加与人类的联系来自我驯化，因为人类会选择更冷静更温顺的个体（Leyhausen，1988）。
- 因为具有控制有害动物的作用，人类也可能饲喂并鼓励猫靠近聚居地。
- 人类捕捉、饲养和训练幼猫可能进一步促进了猫的驯化，这一过程至今在亚马孙部落等原始社会中仍然存在，他们捕捉各种丛林物种并当作宠物饲养。

古埃及——驯化中心

猫的驯化可能首先出现在近东或中东的其他地区，但大部分大规模驯化的证据均来自古埃及。

有很多与猫相关的古埃及图画和象形文字。在最早的插图和象形文字中，野猫与家猫之间或者不同野猫品种之间很少有词典编撰上的区别。因此，通常分不清描述的是野猫还是家猫（Malek，1993）。然而在中王国时期（公元前2025年—公元前1606年），人们开始描绘猫与人的关系，同时出现了一组被翻译成"miw"代表家猫的象形文字。随后在新王国时期（公元前1539年—公元前1070年），家猫的插图越来越多，它们似乎已经被接受为日常生活的一部分了（Serpell，1988；Filer，1995；Bradshaw，2013）。

对猫的历史态度

人类对猫的态度在整个历史上有巨大的差异，猫在古埃及时被高度尊崇，到中世纪及后期在欧洲大部分地区又受到广泛仇恨和迫害。

古埃及宗教信仰中的猫

动物在埃及的宗教信仰中扮演着重要角色。埃及人并不像人们通常认为的那样崇拜动物本身，他们相信神可以化身为动物，因此，他们认为与神或女神相关的物种，是神的精神代表并被赋予神的精神。猫与其他神有关联且与女神巴斯特的联系尤为密切。巴斯特代表丰收、生育、健康、养育和守护，这使她成为在儿童死亡率和人口死亡率高的人群中非常受欢迎的女神。她尽养育责任的母亲形象也使她成为任何寻求帮助和安慰之人的首选之神。

中世纪及以后欧洲人对猫的态度

中世纪早期，西欧对猫的态度似乎是积极的，或者至少是温和的。猫因具有灭鼠能力而倍受重视，尽管英国主教试图禁止修女院和修道院养动物，但允许甚至鼓励其养猫，这可以从一些记录中发现，他们有时把猫当作伴侣动物饲养（Newman，1992）。从插图中也能发现凯尔特修道士喜欢猫。然而到了13世纪，基都教会对待猫就不那么友好了，很可能因为猫与基督教之前的某些宗教有关联。这个时期前后，对猫的仇恨和迫害广泛传播并发展起来，持续了400

多年（Engels，1999；Lockwood，2005）。

伴侣动物，特别是猫，也与巫师和巫术联系到一起。这种联系可能源于对异教的恐惧和谴责，这些宗教崇拜女神，尤其是那些形象化身是猫的女神如巴斯特、伊西斯、阿尔忒弥斯和狄安娜（Engels，1999）。

得到了教会的许可后，虐猫变得非常广泛，以致猫经常因为"好运"被杀。在欧洲许多地区猫被集体屠杀（通常是焚烧），已经成为某些宴会或者节日的一部分（Lockwood，2005）。其中一些仪式延续到现代，特别是在法国的一些农村地区，一直延续到 18 世纪（Darnton，1984；被 Lockwood，2005 引用）。

现代宠物猫

纯种猫的品种

通过广泛选育来繁育不同品种的猫是近期出现的行为，始于 19 世纪晚期。1871 年，伦敦水晶宫举办了第一场有记录的猫展，猫被分为两个种群，长毛猫和短毛猫。长毛猫有 4 个品种，短毛猫有 12 个品种（Weir，1889）。许多品种仅以毛色定义，所以它们也许只出现过自然变异，而不是选育的结果。

相比之下，英国现代纯种猫登记处，即英国爱猫者协会（GCCF），已认定超过 65 个品种，分为 7 个种群。在美国，有 2 个主要的猫科动物品种登记机构，美国爱猫者协会（CFA）认定了 43 个不同品种，国际猫协会（TICA）认定了大约 70 个品种。

不同品种猫的行为和性格特点

当读到个别品种猫的信息时，除了关于品种外观的描述外，还经常伴有行为特点的信息。但关于特定猫品种的行为学研究较少。

犬的选育与猫的选育最大的区别在于，犬最初被选育是为了加强行为和身体特征，而猫的选育通常只是为了加强身体差异。所以犬品种间的行为差异预期会比猫多很多。即使如此，犬行为学研究表明，个体间的行为差异往往与品种间的行为差异一样大，猫也必然会有相同的情况。

然而，对行为有间接影响的是正常体型的极端变化和选育导致的遗传性疾病倾向。这些可能会导致终生的痛苦和不适，进而对行为产生负面影响，并成为严重的健康和福利问题（图 1.3）。

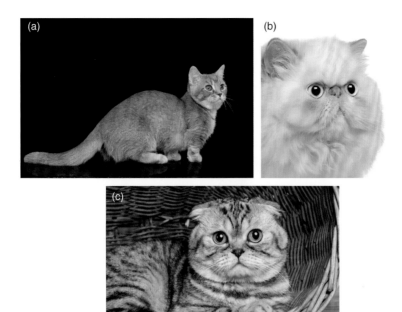

图1.3 （a）曼基康猫是选育的极端案例，突变和畸形可以产生与正常猫体型截然不同的动物。曼基康猫的短腿和长脊柱会限制它们运动和理毛的能力，同时异常关节发育会使它们痛苦和虚弱。曼基康猫没有得到英国爱猫者协会（GCCF）和美国爱猫者协会（CFA）的认可。（b）另一个案例是短头（短鼻子）的波斯猫，这种选育方式改变了猫的自然形态。这种猫可能会承受多种健康问题，如因为眼睛异常大且突出导致的特发性角膜坏死和持续性眼分泌物；下颌缩短和牙齿错位导致的牙科疾病；鼻孔严重缩小、鼻道狭窄、软腭过长导致的呼吸困难，最令人担忧。（c）苏格兰折耳猫是一个因削弱型基因突变导致外形改变的品种，这种突变与软骨发育相关。这种突变（软骨发育不良）不仅影响耳朵，让猫出现"折耳"的特征，也会影响关节中的骨头和软骨，导致严重疼痛性关节炎。

家猫 / 野猫杂交

近年来，杂交猫品种越来越流行（表1.3）。现有数据不足，无法为这些与品种相关的可预测或潜在的行为问题提供精确的建议。不管怎样，事实上杂交品种有野生猫科动物的基因引入，其中一些野生猫科动物即使有可能被驯服，难度也非常大，这引起了人们对在家庭环境中饲养这些猫的安全性以及猫自身福利的担忧。

表 1.3　杂交猫品种

品种	基因引入
孟加拉猫	亚洲豹猫（*Prionailurus bengalensis*）
狮子猫	丛林猫（*Felis chaus*）
萨凡纳猫（热带草原猫）	薮猫（*Leptailurus serval*）
萨法瑞（Safari）	乔氏虎猫（*Leopardus geoffroyi*）

当前对猫的态度和饲养宠物猫

令人遗憾的是，即使在宠物猫饲养率高的国家和文化中，公开表明对猫仇恨或者不信任的现象依然常见。猫比犬更容易受到故意的肉体虐待（Lockwood，2005）。不过，研究发现现在大多数人对猫的态度总体上是积极的（Turner，2014）。

在许多发展中国家，养猫主要为了控制鼠害，但把猫作为伴侣动物在全世界范围内越来越普遍，并且比以往更加流行，尤其是在经济增长和城市化比较快的地区（Bernstein，2007）。在英国，大约有 40% 的家庭拥有宠物，大约 17% 的家庭至少拥有一只宠物猫（PFMA，2017）。在整个欧洲，俄罗斯除外，大概有 7 500 万个养宠家庭，其中猫超过犬成为最受欢迎的宠物（FEDIAF，2014）。在美国，超过一半的家庭至少拥有一只宠物，据估算其中 30% 是猫（AVMA，2012）。

为什么要把猫作为宠物呢

尽管每个宠物主人都有自己养猫的原因，但对许多人来说最初都是被猫的外表吸引的。它们圆圆的脸、前视的眼睛、小巧的鼻子，看起来像人类婴儿，因此，成年人尤其是女性觉得它们"可爱"并产生想抚养的念头。人们选择宠物的种类往往受之前经验的影响很大。曾经养过猫的人，尤其是和猫一起长大的人，成年后更可能养猫（Serpell，1981）。对于一些人来说，猫的独立个性也很吸引人，不过这更可能是允许猫出去户外活动的宠物主人养猫的原因。室内猫的主人不太会认为这是个好的性格特点（Turner，1995）。

依恋

依恋可以理解为一个与另一个个体之间的亲密情感联系。大多数宠物主人，尤其是猫和犬的主人，对他们的宠物会产生与对密友或者家人相似的情感依恋。

研究表明，养宠物对生理和心理健康都有好处（Friedmann 和 Thomas，1995；Bernstein，2007；Kanat-Maymon 等，2016）。抚摸或者仅仅靠近与自己有情感联系的猫，可以有效降低心率和血压（Dinis 和 Martins，2016）。

宠物还可以为宠物主人提供情感支持，对于独居或者社交活动有限的人，犬或猫可能是唯一可持续的情感支撑（Stammbach 和 Turner，1999）。

猫行为

尽管猫作为宠物很受欢迎，对猫行为的整体认知水平却有限，远不及人们对犬行为学的普遍认知（Riccomini，2009；Pereira 等，2014）。令人遗憾的是，善良且富有同情心的宠物主人或看护者对猫行为缺乏了解或误解，可能是导致猫痛苦及相关的健康和行为问题的主要因素（详见第 6 章）。

拟人化

拟人化是将人类的性格特点和想法赋予非人动物。许多宠物主人在谈论或者与宠物交流时表现出某种程度的拟人化。但因为他们意识到事实上宠物不会拥有这些人类特性，他们不会让宠物做一些可能导致宠物痛苦的"类人"活动，这种程度的拟人化可能是主人对宠物依恋和良好的宠物与主人关系的正常部分。然而，宠物主人若对物种特有的行为知之甚少，人的感知可能是他们唯一的参照物。在这种情况下，会出现动物福利问题，特别是如果宠物主人或看护人坚信他们的宠物是个"缩小的人"，认为动物的身体和行为需求与人类或人类儿童的身体和行为需求相同。

猫行为问题

行为问题对猫主人来说是不愉快的，通常是猫痛苦的信号。宠物猫群中的行为问题绝非罕见，但猫主人比狗主人需求专业帮助和建议的可能性要小得多（Bradshaw 等，2000）。这可能由于以下一些原因。

- 宠物犬的行为会影响其他人，甚至导致主人被起诉。然而猫的行为不会引起主人以外任何人的关注，这大大降低了主人处理他们宠物行为的责任心。
- 除非是宠物主人直接不能接受的行为，如弄脏房间或攻击人，否则很多问题会被忽略或者被误认为是正常猫行为的一部分。
- 紧张会损害猫的健康、行为和福利。有研究报道，在受访的猫主人中，超过 70% 的人意识到了这个问题，但他们大多数无法识别出猫紧张以及与之相关的健康问题（Mariti 等，2015）。
- 即使主人认为猫的行为不可接受或令人担忧，但人们普遍错误地认为行为问题只能通过训练来解决。在错误地坚信"猫不能被训练"的情况下，人们认为治疗猫的行为问题是不可能的。

- 但即使上述任何情况都不适用，人们可能仍然没有寻求专业的帮助。因为缺乏可以获得帮助的意识或不知道可以向谁寻求建议和援助（Riccomini，2009）。见11b，关于行为问题帮助的信息和建议。

参考文献

AVMA (2012) U.S. Pet Ownership Statistics. Available at: https://www.avma.org/KB/Resources/Statistics/Pages/Market-research-statistics-US-pet-o wnership.aspx (accessed 12 January 2018).

Bar-Yosef, O. (1998) The Natufian culture in the Levant. *Evolutionary Anthropology* 6, 167–168.

Bernstein, P.L. (2007) The human–cat relationship. In: Rochlitz, I. (ed.) *The Welfare of Cats*. Springer, Dordrecht, The Netherlands.

Bradshaw, J.W.S. (2013) *Cat Sense*: *The Feline Enigma Revealed. Allen Lane*, Penguin Books, London.

Bradshaw, J.W.S., Casey, R.A. and MacDonald J.M. (2000) The occurrence of unwanted behaviour in the pet cat population. *Proceedings of the Companion Animal Behaviour Therapy Study Group Study Day*, Birmingham, UK, pp. 41–42.

Darnton, R. (1984) The Great Cat Massacre. Basic Books, New York. Cited in: Lockwood, R. (2005) Cruelty to cats: changing perspectives. In: Salem, D.J. and Rowan, A.N. (eds) *The State of the Animals III: 2005*. pp. 15–26, Humane Society Press, Washington, DC.

Dinis, F.A. and Martins, T.L.F. (2016) Does cat attachment have an effect on human health? A comparison between owners and volunteers. *Pet Behaviour Science* 1, 1–12.

Driscoll, C.A., Menotti-Raymond, M., Roca, A.L. et al. (2007) The Near Eastern origin of cat domestication. *Science* 317, 519–523.

Engels D. (1999) *Classical Cats. The Rise and Fall of the Sacred Cat*. Routledge, London.

Faure, E. and Kitchener, A.C. (2009) An archaeological and historical review of the relation-ships between felids and people. *Anthrozoös* 22, 221–238.

FEDIAF (2014) European Pet Food Industry Federation Statistics 2014. Brussels. Available at: www.fediaf.org (accessed 12 January 2018).

Filer, J. (1995) Attitudes to death with reference to cats in ancient Egypt. In: Campbell, S. and Green, A. (eds) *The Archaeology of Death in the Ancient Near East*. Oxbow Books, Oxford, UK.

猫应用行为学

Filer, J. (2003) 'Without exception, held to be sacred': The Egyptian cat. Ancient Egypt. *The History, People and Culture of the Nile Valley* 4(2), 24–29.

Friedmann, E. and Thomas, S.A. (1995) Pet ownership, social support and one year survival after acute myocardial infarction in the Cardiac Arrthymia Suppression Trial (CAST). *American Journal of Cardiology* 76, 1213–1217.

Kanat-Maymon, Y., Antebi, A. and Zilcha-Mano, S. (2016) Basic psychological need fulfilment in human-pet relationships and well-being. *Personality and Individual Differences* 92, 69–73.

Leyhausen, P. (1988) The tame and the wild – another Just-so Story? In: Turner, D.C. and Bateson, P. (eds) *The Domestic Cat: The Biology of its Behaviour*, 1st edn. Cambridge University Press, Cambridge, UK, pp. 57–66.

Lipinski, M.J., Froenicke, L., Baysac, K.C. et al. (2008) The ascent of cat breeds: Genetic evaluations of breeds and worldwide random-bred populations. *Science Direct* 91(1), 12–21.

Lockwood, R. (2005) Cruelty to cats: changing perpectives. In: Salem, D.J. and Rowan, A.N. (eds) *The State of the Animals III*: 2005, pp. 15–26, Humane Society Press, Washington, DC.

Malek J. (1993) *The Cat in Ancient Egypt.* British Museum Press, London.

Mariti, C., Guerrini, F., Vallini, V., Guardini, G., Bowen, J., Fatjò, J. and Guzzano, A. (2015) The perception of stress in cat owners. In: *Proceedings of the 2015 AWSEL-VA-ECAWBM-ESVCA Congress*, Bristol, UK.

Newman, B. (1992) The Cattes Tale: a Chaucer apocryphon. *The Chaucer Review* 26, 411–423.

O'Brien, S. J. and Johnson W.E. (2007) The evolution of cats. *Scientific American* 297, 68–75. DOI: 10.1038/scientificamerican0707-68.

Pereira, G.D.G., Fragoso, S., Morais, D., Villa de Brito, M.T. and de Sousa, L. (2014) Comparison of interpretation of cat's behavioural needs between veterinarians, veterinary nurses and cat owners. *Journal of Veterinary Behavior* 9, 324–328.

PFMA (2017) Pet Food Manufacturers Association – Statistics 2016. Available at: http://www.pfma.org.uk/historical-pet-population (accessed 12 January 2018).

Riccomini, F.D. (2009) The cat owner – feline friend or foe? *Proceedings of the British Veterinary Behaviour Association*. Birmingham, UK.

Serpell, J.A. (1981) Childhood pets and their influence on adults' attitudes. *Psychological Reports* 49, 651–654.

Serpell, J.A. (1988) The domestication and history of the cat. In: Turner, D.C. and Bateson, P. (eds) *The Domestic Cat: The Biology of its Behaviour*, 1st edn. Cambridge University Press, Cambridge, UK.

Serpell, J.A. (2014) Domestication and history of the cat. In: Turner, D.C. and Bateson, P. (eds) *The Domestic Cat: The Biology of its Behaviour*, 3rd edn. Cambridge University Press, Cambridge, UK.

Stammbach, K.B. and Turner, D.C. (1999) Understanding the human–cat relationship: human social support or attachment. *Anthrozoös* 12, 162–168.

Turner, D.C. (1995) The human–cat relationship. In: Robinson, I. (ed.) *The Waltham Book of Human-Animal Interaction: Benefits and Responsibilities of Pet Ownership*. Waltham Centre for Pet Nutrition, Elsevier, London, pp. 87–97.

Turner, D.C. (2014) Social organisation and behavioural ecology of free-ranging domestic cats. In: Turner, D.C. and Bateson, P. (eds) *The Domestic Cat: The Biology of its Behaviour*, 3rd edn. Cambridge University Press, Cambridge, UK.

Vigne, J-D., Guilaine, J., Debue, K., Haye, L. and Gérard, P. (2004) Early taming of the cat in Cyprus. *Science* 304, 259.

Weir, H. (1889) *Our Cats and All About Them*. R. Clements and Co., Tunbridge Wells, UK.

2 　感官

家猫大多时候与人类生活在一起，相同的生活环境让人们误以为它们对周围环境的感知能力与人类相似。与它们的野生祖先相比，它们的感官能力并没有改变，它们能够看到、听到和闻到人类感官完全不能觉察到的东西。虽然在某些方面，人类的感官略胜一筹，或者至少是相差无几，但总的来说，猫对周边事物的感觉与人类是截然不同的。

视觉

夜视

家猫的视力与人的视力有许多不同之处。其中最为熟知的是"猫具有夜视能力"。事实上，猫在完全黑暗中的视力并不比人类好，但在弱光条件下，猫眼的特殊结构使它们能够比人类更好地利用光线。

- 哺乳动物的视网膜上有两种光感受器：视锥细胞和视杆细胞。视锥细胞对强光和颜色具有高度的分辨能力，对弱光和明暗的感知不如视杆细胞敏感。而猫视网膜上的视杆细胞远多于视锥细胞，视杆细胞的总数大约是人眼的 3 倍（Steinberg 等，1973）。

- 视杆细胞不是单独连接到视神经纤维上的，而是以束状连接在一起，每个神经细胞上有多个视觉感受器，从而产生更强的感光能力。这样的特点也导致了图像的清晰度降低（Miller，2001）。

- 与体型相比，猫的眼睛很大，只比人眼的 25 mm 直径略小，达到 22 mm。得益于大比例的眼睛和椭圆形的瞳孔，猫的瞳孔扩张能力至少是人类的 3 倍，弱光条件下能够让更多的光线进入眼睛。同样在明亮的光线下，猫的瞳孔可以通过虹膜收缩成只有 1 mm 宽的垂直狭缝，以减少光的进入，保护视网膜不受损害（图 2.1）。

- 视网膜后面的一层反射细胞称为"反光膜"，这层结构能够把一部分射入的光线反射回视网膜，于是，视网膜就相当于接受了双重照射，这使得眼睛

图2.1 椭圆形的瞳孔比圆形的瞳孔更容易放大，使更多的光线进入眼睛。它们还可以收缩成非常窄的缝隙，以避免强光对视网膜的损害。

在弱光条件下的效率提高了40%（Bradshaw等，2012）。也就是当光线射入猫的眼睛时，反光膜负责反射光线。

移动侦测

即使物体的运动很轻微或者在猫视线的一侧，它们也能够通过快速眼球运动（扫视）来防止移动的图像模糊，通过将收集到的物体距离和角度信息，传送到晶状体周围的肌肉（睫状肌），以快速侦测和准确跟踪移动的物体。但是，如果这种计算不正确或者物体以一种未被探测到的方式移动，则在第一次修正后进行第二次修正性扫视，使视线回到目标上。这种纠正性成像每秒可发生60次左右，是人类能力的2倍以上（Bradshaw等，2012）。

然而，猫不能很好地察觉到缓慢的移动，但人类可以察觉到慢10倍的物体移动（Pasternak和Merigan，1980）。

视觉聚焦

视觉聚焦是人类的眼睛比猫的眼睛表现好得多的一种能力。在人的眼睛里，晶状体是灵活的，根据眼睛的整体健康状况，能够通过晶状体的变形来准确地聚焦。但猫眼内的晶状体是不灵活的，只能通过身体的前后移动而不是晶状体变形来聚焦。其结果是，猫将其视觉焦点从近移到远的速度较慢，反之亦然。猫无法清晰地聚焦于离其脸部不到25cm的东西。

彩色视觉

对颜色的感知是人类视觉的另一个优势。人类对颜色敏感的视锥细胞光感受器有3种（红、蓝、黄），比猫多出16倍的颜色比较神经，这使人类能够看到更多不同的颜色。

猫应用行为学

视杆细胞光感受器只允许单色视觉，人们一度认为猫只能看到黑白两色。但神经生理学证据表明，它们拥有 2 种类型的色敏视锥细胞，对蓝色和绿色光谱内的光有反应，这意味着它们很可能看到黄色和蓝色为原色的各种组合（Loop 等，1987）。然而，行为学研究表明，猫的色觉可能被削弱了，或者说它们是"行为上的色盲"，因为它们似乎更能够区分形状、图案和亮度的差异，而不是颜色的差异（Bradshaw，2012）。

双目视觉

像人类一样，猫的眼睛是朝前的，双眼一起工作，使猫具有立体或三维视觉（DeAngelis，2000）。这是通过每只眼睛聚焦于同一视觉目标并产生自己的二维图像来实现的。这些图像相互重叠，形成 3D 视觉。立体视觉对捕食者来说是一个很大的优势，因为它可以准确判断深度和距离。

有些暹罗猫的视网膜神经节细胞有遗传性问题，导致无法发展这完整的立体视觉能力（Bacon 等，1999）。然而，除了发展出适应性的斜视或"斗鸡眼"外，这些猫似乎没有受到其他影响，许多猫完全能够成功狩猎。斗鸡眼的暹罗猫曾一度相当普遍，但现在已经不那么常见了，因为更多的繁育者已经意识到了遗传影响，并选择不受影响的猫进行繁育。

视野

视野是指眼睛固定在一个位置时可以看到的区域。它由双眼视野和周边视野组成，前者是两只眼睛一起工作以提供立体图像的区域，后者是在中央视线之外的非双眼视野。猫的双眼视野与人类大致相同，为 90°~100°。但它们的外周视野更宽，总共有 200° 左右，而人类仅有 180° 左右。

听觉

猫是哺乳动物中听觉范围最广的动物之一，从 48 Hz 到 85 kHz（Heffner 和 Heffner，1985），不过人们普遍认为猫听力的上限为 60 kHz 左右，因为超过这个频率的声音必须相当响，猫才能听到（Bradshaw 等，2012）。即使如此，相比于人类的平均听觉范围 20 Hz 到 20 kHz，这仍然是相当广的范围。

大多数哺乳动物的听觉范围包括物种间的听觉交流，如果是食肉动物，则包括猎物发出的声音。听觉是猫探测猎物的主要方法之一，因此，小型啮齿动物和其他小型猎物发出的非常高频的"超声波"信号能被它们听到，也就不足为奇了。但它们的听觉还包括了频率比预期要低得多的声音。这对家猫来说是一个特别的优势，保证它们能听到人类全部的说话声，甚至是男性低沉的声音。同时猫的听觉敏感性也很强，不仅能听到猎物独特的发声，还能听到它们的运动声。

然而，它们识别音高和强度之间的微小差异能力不如人类，而且检测短促声音的能力较差。人类在这方面的能力较强，可能是因为人类需要分辨语言中出现的微小变化（Bradshaw，2013）。

耳廓在声音的定位和放大方面起着非常重要的作用。猫耳朵上的单独肌肉能控制耳廓迅速而精准地运动，以准确定位声音的来源。

嗅觉

嗅觉对猫来说是一种极其重要的感觉，猫通过嗅觉来实现交流、繁殖、觅食和狩猎行为。因此，猫具有高敏感性和高分辨力的嗅觉也就不足为奇。

嗅觉受体细胞与大脑中的嗅球有直接联系，它们存在于嗅觉上皮——鼻腔的内壁。在人类中，它的面积为2~5厘米，包含约500万个受体。猫的嗅觉上皮被卷轴状的鼻甲骨支撑着，总面积为20~40厘米，包含约2亿个受体（Ley，2016）。这些受体不是同一种类型，而是几百种不同的类型，使猫能够区分数量惊人的不同气味（Bradshaw 等，2012）。

嗅觉器官

嗅觉器官，也被称为犁鼻器（雅各布逊氏器），是许多哺乳动物中一个额外的嗅觉器官，但在人类或其他高等灵长类动物中不存在。它为动物提供一种可能介于味觉和嗅觉之间的感觉，似乎主要用于探测和识别种内交流使用的信息素（详见第3章）。它由两个盲端充满液体的囊组成，位于硬腭内，含有大约30种不同类型的化学受体。气味通过口腔被主动吸入，并通过两个小缝隙（称为鼻腭管，位于上门牙后面）被送往嗅觉器官。

当利用嗅觉器官时，猫会表现出一种略微奇怪的面部表情或"鬼脸"，即嘴巴微张，上唇上扬（图2.2）。这也被称为"弗莱曼反射"，来自德语动词，意思是露出上牙。弗莱曼反射是一种主动行为，其他视觉或嗅觉信号的存在，如尿液的气味，可能会触发这种反应（Mills 等，2013）。

图 2.2 "弗莱曼反射"，激活了梨鼻器。© Lucy Hoile.

触觉

触须（胡须）

触须包括如下几部分。

- 胡须：鼻子两侧的胡须。
- 眉须：位于眼睛上方。
- 颊毛丛：位于脸部一侧的较短的毛发。
- 腕部触须：位于前腿的背面。

胡须，定义为触须，是嵌入皮肤深处的增粗毛发，比普通毛深 3 倍。在触须的底部，具有大量的机械感受器（对压力或变形有反应的感觉神经元），确保猫能够敏感地捕捉到气流的变化。当猫在捕猎时，面部的触须会取代眼睛，以弥补猫在近距离视觉上的弱点。当猎物靠近脸部时，胡须会被向前推，将猎物包裹起来，从而确保猫能够准确地探测和抓捕猎物。通过结合视觉信息与胡须的触觉信息，猫也能感知到近距离环境与物体的最佳画面（Bradshaw 等，2012）。

四肢

猫爪在狩猎和防御中起着重要作用，能通过触碰来探索新的物体。猫爪是高度敏感的，在肉垫内、肉垫之间以及爪根下的软组织中含有非常多的机械感受器。在猫较深的皮肤层中，被称为帕西尼氏小体或环层小体的机械感受器能够检测到脚掌的振动（Verrillo，1966）。

平衡

前庭系统

前庭系统是哺乳动物内耳中负责感觉平衡的部分。由半规管、椭圆囊及球囊组成。

半规管是 3 个充满液体的管，也含有运动敏感的毛发（纤毛）。分别如下。

● 水平管（外骨半规管）：侦测向左或向右。

● 前、后骨半规管：侦测上下移动，如头偏向一侧。

当动物移动其头部时，前庭系统也随之移动，但半圆管内的液体保持在原位，通过移动管内的纤毛，将有关运动的信息传递给大脑。

椭圆囊及球囊也有纤毛覆盖其内部表面，但这些器官没有液体，而是有微小碳酸钙晶体覆盖在感官表面，当动物移动头部时，这些晶体会刷到纤毛上。这些器官可以探测到加速、减速和重力变化，让动物知道自己的运动状态，调整合适的运动方式。

虽然这与其他哺乳动物（包括人类）的系统相同，但猫的半规管相互之间更接近直角，而水平管更接近正常的头部位置。这使得纤毛在半规管中检测到并传递到大脑的信息特别清晰和精确。此外，椭圆囊，可能还有球囊，它们更适合探测重力偏差（Bradshaw 等，2012）。

翻正反射

翻正反射亦称复位反射，是猫在坠落时迅速恢复四肢着地的能力。当猫开始下坠时，前庭系统会立即察觉到这种运动，在 1/10 秒内，猫的头部开始转向地面，让猫看到它要降落的地方。高度灵活的脊椎允许身体弯曲，先前端再后端，使猫面对地面。最后，当猫即将着陆到地面时，通过拱背和四肢伸展，充当着陆减震器（图 2.3）。

如果从相当高的高度跌落，猫的腿最初是向侧面伸出，只有在即将落地的

图2.3 翻正反射。当猫开始下降时，前庭系统就会检测到运动，在0.1s内，身体就会开始扭转，确保猫能四肢着地。

时候才会向下伸展。这有降低坠落速度的作用，也可能是报道中猫从高楼坠落后只受到轻伤而幸存下来的原因。但这并不一定能防止猫受到严重伤害，这取决于猫落地点表面的性质。同样猫坠落的距离太短，也会发生伤害，即使猫的翻正反射发生得非常快，但至少需要10英尺（3.048米）的反应距离才能确保猫完全直立（Bradshaw，2013）。

参考文献

Bacon, B.A., Lepore F. and Guillemot, J-P. (1999) Binocular interactions and spatial disparity sensitivity in the superior colliculus of the Siamese cat. *Experimental Brain Research* 124, 181–192.

Bradshaw, J.W.S. (2013) *Cat Sense*: *The Feline Enigma Revealed. Allen Lane*, Penguin Books, London.

Bradshaw, J.W.S., Casey, R.A. and Brown, S.L. (2012) *The Behaviour of the Domestic Cat*, 2nd edn. CAB International, Wallingford, UK.

DeAngelis, G.C. (2000) Seeing in three dimensions: the neurophysiology of stereopsis. *Trends in Cognitive Science* 4, 80–90.

Heffner, S. and Heffner, H.E. (1985) Hearing range of the domestic cat. *Hearing Research* 19, 85–88.

Ley, J. (2016) Feline communication. In: Rodan, I. and Heath, S. (eds) *Feline Behavioral Health and Welfare*. Elsevier, St Louis, Missouri, USA.

Loop, M.S., Millican, C.L. and Thomas, S.R. (1987) Photopic spectral sensitivity of the cat. *Journal of Physiology* 382, 537–553.

Miller, P.E. (2001) Vision in animals – what do dogs and cats see? Waltham/OSU Symposium. *Small Animal Opthalmology*. Ohio State University, Waltham, Ohio, USA.

Mills, D., Dube, M.B. and Zulch, H. (2013) *Stress and Pheromonatherapy in Small Animal Clinical Behaviour*. John Wiley & Sons, Ltd, Oxford, UK.

Pasternak, T. and Merigan, W.H. (1980) Movement detection by cats: invariance with direc- tion and target configuration. *Journal of Comparative and Physiological Psychology* 94, 943–952.

Steinberg, R.H., Reid, M. and Lacy, P.L. (1973) The distribution of rods and cones in the retina of the cat (*Felis domesticus*). *Journal of Comparative Neurology* 148, 229–248.

Verrillo, R.T. (1966) Vibrotactile sensitivity and the frequency response of the Pancinian corpuscle. *Psychonomic Science* 4, 135–136.

3 猫科动物的交流

交流是信息从个体到另一个个体的传递。它可以是在物种内部，即在同一物种的成员之间，也可以是在物种之间，从一个物种到另一个物种。人类语言是一种高度复杂的种内交流形式，它使人类能够交流与自己有关的海量信息以及从经验中收集的或从他人那里得到的知识。但是包括猫在内的其他物种成员之间的交流，通常仅限于防御性或攻击性警告、问候、关心或索取食物以及关于个体的基本信息，如性别和健康状况。为了传达这些信号，动物使用了各种不同的方法，包括听觉（发声）、视觉（身体"语言"及面部表情）和嗅觉（气味）。每种方法的使用都有其优缺点（表3.1），并且可以组合使用多种方法。采用什么方法也可能取决于信号或交流对象。

表 3.1 不同交流方式的优缺点

交流方式	优点	缺点
视觉信息（肢体语言）	清晰明确，可迅速启动、停止或改变	接收者需要在足够近的距离内清楚地看到发送者
听觉信息（发声）	发送者不需要被接收者看到 声音可以在长距离中有效 可以快速启动、停止或更改	声音可能会被天敌或捕食者等无意地听到和利用 声音可能会因距离而失真或被其他声音覆盖
嗅觉信息（气味）	持续时间长——信息可由发送者存储，并在发送者不在时由接收者读取信息 适合独居动物或有被捕食风险的动物	信息不能更改或回收 微生物的污染可能会改变预期的信息

家猫的祖先，非洲野猫（*Felis s. lybica*）是一种独居动物，所以成年猫之间主要是领地性的信号交流。驯化导致了一些社会和行为上的变化，包括在社会群体中生活和与其他物种一起生活的能力。因此，尽管家猫保留了其祖先作为独居物种特有的交流方式和领地意识，但也发展了交流技能，以适应其作为一个更社会化物种的需要。

发声

猫发出的声音可以分成 3 类。

元音

这些是由猫张口和闭口产生的，包括如下内容。

- 喵喵叫。
- 性发声：雌性在发情时的叫声和雄性的叫声。
- 吼叫、嚎叫或愤怒哀嚎。
- 咔咔声（或喋喋不休的叫声）（猫坐在窗户上盯着鸟类发出的声音）。

杂音

闭口产生的，包括如下两种声音。

- 呼噜声。
- 颤音和呜咽声。

紧张的声音

张嘴发出的声音。常伴随进攻或防守，有如下几种声音。

- 低吼（呜呜声）。
- 嚎叫（嗷嗷声）。
- 尖叫。
- 嘶嘶声。
- 突然的喀声（啐口水）。

喵喵叫

喵喵叫是家猫最常见的发声方式，它并不是一个单一的声音，而是不同声音的组合，在不同的个体和不同的品种之间可能有很大的不同。它也可以根据环境和猫想要表达的信息而变化。

野猫或流浪猫很少发出"喵喵"的声音，但家猫在与人的交流中通常会发出"喵喵"声。因此，它被认为是驯化和与人交往的产物。当然，它与流浪猫或野猫发声方式不同。与野猫产生的类似声音相比，家猫的喵叫声往往更短，音调更高（Nicastro，2004；Yeon 等，2011）。Nicastro（2004）还发现，家猫发出的声音比它们的野猫亲属发出的类似声音更讨人喜欢。

当猫对人发出喵喵叫时，通常作为问候、寻求关注或索取食物的形式。研究表明，大多数人都可以识别犬吠的含义，即使他们对狗的了解很少（Pongrácz 等，2005）。猫的喵喵声则不一样。通常只有猫主人可以区分自己猫喵喵叫的意图，即使对猫非常了解的人，也不太能识别不熟悉的猫的发声含义（Nicastro 和 Owren，2003；Ellis 等，2015a）。因此，喵喵叫似乎有着具体的含义，这不仅与它们所处的环境有关，而且也与个体有关。可能是因为通过反复的互动和主人的强化，猫能够学会哪些声音最有可能被识别，并使宠物主人产生预期反应。

有一种猫叫是"无声的喵喵叫"。当它对着人发声时，张口闭口的方式通常与正常的"喵喵"声的情况一样，但不产生声音，至少人类听不到。另一个区别是，研究人员发现，野猫和农场猫之间交流的方式会采用这种"无声的喵喵叫"（Bradshaw 等，2012）。这种"无声的喵喵叫"可能产生一种声音，但频率太高，导致人类听不到，或者它可能是视觉信号的一部分，人类还不能完全理解其中的含义。

呼噜声

呼噜声是由喉部肌肉的收缩导致声门关闭而产生的。随着压力的增加，它迫使声门打开，导致声带的分离，从而产生呼噜声。与其他发声方式不同，它是在吸气和呼气时产生的，并且可以与其他发声方式同时出现（Remmers 和 Gautier，1972；Bradshaw 等，2012）。

和"喵喵"声一样，呼噜声通常是宠物猫对人类发出的声音，但和"喵喵"声不同的是，猫与猫之间也会通过"呼噜"声交流。呼噜声似乎不仅仅是一种交流手段，在猫独处的时候，周边没有人或猫，它也会发出呼噜声（Kiley-Worthington，1984；被 Bradshaw 等，2012 引用）。

人们发现，宠物猫产生 2 种类型的呼噜声。

- 当猫处于放松和满足的时候，无论是独处还是令它放松的互动，猫都会发出"自发性"的呼噜声。
- 当猫索取食物或寻求关注时，就会发出"索取性"呼噜声。这种呼噜声还包含一个更高音调的"哭泣"声，有报道称，它听起来更"紧急"，对人类的耳朵来说不那么愉快。与喵喵叫一样，这似乎是另一种专门针对寻求人类关怀和请求的发声形式（Bradshaw 和 Cameron-Beaumont，2000；McComb 等，2009）。

众所周知，家猫在极度痛苦的时候，甚至在垂死的时候也会发出呼噜声。一种假设是，呼噜声引起的低频振动具有"治愈"效应（Von Muggenthaler，2006）。其他观点是，在这种情况下，呼噜声是一种关怀或安慰的形式，甚至可能是一种自我安慰的形式（Bradshaw，1992；Bradshaw 等，2012），但目前还没有科学证据支持这些理论，因此，猫为什么这样做人们仍然不清楚。

防御和攻击的声音

有 5 种声音与防御性或攻击性的互动有关。紧张强烈的声音有：嘶嘶声、喀声、低吼声、嚎叫声和尖叫声。嘶嘶声和喀声的持续时间很短，可能是为了在一开始阻止一个感知到的威胁，如潜在的捕食者或对手。低吼、嚎叫以及尖叫声，是持续时间相当长的声音。与"喵喵"声相比，这些是不同的声音，尽管它们经常相互结合使用。

一般来说，在动物世界里，动物越大，其发声的音调越低。低吼是一种低音调的声音，低吼的目的之一可能是"欺骗"对手或捕食者，使其认为低吼的动物比实际大。然而，猫科动物的嚎叫声往往比低吼声高。

如果感知到威胁或对手没有撤退，低吼和嚎叫会持续一段时间，由于猫的整体紧张状态导致喉咙紧绷，猫可能会开始流口水，偶尔会停止发声来吞咽。如果威胁仍然存在或增加，如靠近，猫可能会突然发出大声尖叫。这样做的目的可能是为了惊吓感知到的威胁或对手，让它有短暂的机会逃跑或攻击（Brown 和 Bradshaw，2014）。猫因为突然的剧痛也会发出尖叫声。

"咔咔"声

有时可以听到猫在盯着猎物时发出"咔咔"声，通常是当可以看到却无法得到时，如通过窗户观看时。人们普遍认为这是猫试图模仿猎物发出的声音，目的是吸引猎物。虎猫（_Leopardus wiedii_），一种南美的野生猫，被观察到似乎在模仿它的主要猎物之一——黑白柽柳猴（_Saguinus bicolor_）。虽然这似乎无助于捕捉，但它有吸引猎物接近捕食者的效果，从而减少追捕时的能量消耗（de Oliveira Calleia 等，2009）。然而，似乎没有证据显示其他猫科动物有同样的行为。

其他的猜想是，"咔咔"声可能是由于挫折、兴奋或期待而产生的替代行为（McFarland，1985；被 Bradshaw 等，2012 引用）；然而，这种行为在其他情境下猫经历挫折或兴奋时是看不到的。因此，在进行充分的研究并获得有效的证据之前，这种形式的发声目的或原因尚不清楚。

性发声

（未绝育的）雄性和雌性在繁殖季节产生特殊的元音发声。雄性在整个繁殖季节发声，雌性在发情周期的接受期持续发出一种独特的叫声。Shimizu（2001）将猫发情叫声描述为类似婴儿的哭声。这些发声最可能的目的是向潜在的对手

猫应用行为学

宣告力量和健康，以及向潜在的配偶宣告健康情况和交配意愿。

幼猫和哺乳母猫的声音

幼猫

在幼猫出生后的头几天，它的发声仅限于防御性的喀声和呼叫声，每当幼猫感到寒冷、饥饿、孤立或被困时，就会发出这种声音。

随着幼猫长大，发出呼叫声的场合、强度和频率都会发生变化。例如，随着幼猫调节自身体温能力的增强，它在寒冷时呼唤的次数会减少。在6周龄前会因不舒服的束缚或被"困住"而发出频繁的呼叫声，因孤立而呼叫的情况在前3周内呈增加趋势，然后逐渐减少。这可能是由于幼猫在出生后的前几周内对它的母亲和同窝幼猫的认知越来越强，因此，在与它们分开时会更加痛苦和焦虑，然后逐渐发展出足够的信心和独立性来应对分离。但也有人发现，幼猫离巢越远，呼叫声的强度就越大（Mermet等，2008）。因此，频繁发出这种声音也可能与幼猫身体能力的提高有关，使它能够进一步远离巢穴。

总体而言，幼猫呼救声在2~3月龄时逐渐减少，通常在5月龄时已经完全停止（Bradshaw等，2012）。

幼猫在出生几天内就会发出呼噜声，主要发生在吃奶的时候，这可能是向母猫发出信号，表明已经获得足够的母乳，并鼓励继续哺乳。

攻击性的发声，包括防御性的嘶嘶声，以及由人类引导的喵喵声，都是后来才出现的，通常是在断奶期间或断奶后不久（Bradshaw等，2012）。

哺乳猫

如果幼猫离开巢穴，大多数母猫会呼唤幼猫，在靠近幼猫时，会产生"颤音"或"呜咽"声。Szenczi等（2016）发现，幼猫对自己母亲发出的这些声音的反应比对其他哺乳期母猫发出的相同声音的反应更频繁、更积极，这表明幼猫能够识别自己母亲的声音。

母猫和幼猫在哺乳期都会发出呼噜声，母猫在梳理幼猫毛发时也会经常发出呼噜声。也有些母猫和幼猫在一起的时候会不断地发出呼噜声（Lawrence，1980；Deag等，2000）。

视觉信号

猫会使用各种各样的面部表情和肢体语言，但它们的视觉信号系统远没有犬那么丰富和复杂。这部分归因于猫的面部肌肉组织和身体的局限性。但这也是由于犬科动物和猫科动物之间的特定差异以及社会结构影响了其对复杂视觉信号的需求。

其中一个主要区别是，犬、狼及它们的后代是高度社会化的动物，通过合作式捕猎。这意味着它们需要经常分享资源，特别是食物，所以它们有必要能够发出亲和的信号，以避免或减少发生身体冲突的可能性（Bradshaw 等，2009；Hedges，2014）。

在自然界中猫是一种以独居为主物种的后代，虽然家猫能够群居，但它们仍然是独自猎食者。因此，它们没有发展出，也没有必要发出复杂的亲和信号。猫与猫之间通过保持较远的距离来避免冲突，而侵略性或竞争性的偶遇则是通过防御措施而不是顺从或亲和来避免的。

大多数猫视觉信号，尤其是猫与猫之间的视觉信号，可以定义为增加距离——旨在增加或保持与另一个体的距离，或者减少距离——亲近猫希望与之互动的其他个体。

下面将描述情绪状态和视觉信号的各个要素。但必须注意，在没有意识到猫当时所处的情况以及同时发生的行为和发声等因素的情况下，不要试图进行解释。只看身体姿势或面部表情的"快照"，很容易导致对动物的情绪状态或信号意图产生误解。另外，要意识到猫的情绪、身体意图和相关的信号可以很快改变。

面部信号

耳朵

猫的耳朵是传达视觉信号的理想工具：它们不仅大得非常显眼，而且耳廓（外耳）的肌肉组织能做出迅速且大范围的运动。耳朵的静止位置是向前的，也会频繁而独立地移动来探测声音。以下的耳朵位置可以反映情绪状态。

- 耳朵侧平可能是恐惧的迹象。猫越害怕，耳朵就越耷拉（图 3.1）。
- 向后旋转耳朵可以说明挫败感（图 3.2）。Finka 等（2014）发现，在沮丧或愤怒的情况下，右耳的旋转似乎更大。

眼睛

瞳孔放大不光是因为光线减弱导致的，也可能是兴奋性增加的标志，不是一种特定的情绪状态。因此，为了识别兴奋性的类型和导致的原因，应该考虑其他视觉信号和猫的当前情况。

图 3.1　耳朵平放在头的一侧，可能是恐惧的表现。猫越害怕，耳朵就越耷拉。还要注意瞳孔的扩张，这是兴奋度提高的标志。

图 3.2　耳朵向后旋转可能表现为沮丧或恼怒。

　　快速眨眼可能是恐惧的表现，也是在潜在冲突情况下避免直接眼神接触的一种方式。缓慢的眨眼，包括直接的目光接触，可以是一种友好的姿态，如果伴随着放松的身体姿势和呼噜声，也可以表示满足和放松（图 3.3）。

其他面部"表情"或动作

　　舔舌头（或舔鼻子）可能是不确定或情绪冲突的一个指标。它与正常的舔唇不同，舌头不是舔舐嘴边，而是轻"弹"鼻尖（图 3.4）。

　　面部长胡须（面部胡须）的位置也能让人了解猫的情绪。当其活跃和警觉，例如，在狩猎和玩耍时，胡须会张开并略微指向前方，使用面部肌肉来实现这一点也使猫呈现出轻微的"脸颊浮肿"的样子。

图 3.3 一个缓慢的眨眼，或半闭的眼睛可以是一个满足和放松的信号。

图 3.4 舌头轻弹可能是情绪冲突的迹象。

在积极的接触中，胡须是放松的，或者也可能是稍微向前的，但在恐惧或身体冲突时，更有可能是向后收拢的。

尾巴

垂直翘起的尾巴，被称为"翘尾"信号，是一种缩短距离的信号。通常是在拥抱和嗅探之前的一种友好问候（图 3.5）。Cameron-Beaumont（1997）发现，如果前面有一个猫形剪影的尾巴翘起，猫会毫不犹豫地接近这个剪影，但却不太愿意接近一个尾巴低垂或半垂的类似剪影。

尾巴末端的抽动表示"兴趣"的增加和兴奋，而不是任何特定的情绪状态。这可能出现在玩耍中、狩猎时以及感到沮丧、谨慎或轻微烦躁时。然而，更明确的尾巴动作，如摆动、躺着或坐着时在地上拍打尾巴，是恼怒、沮丧或感觉受到威胁的更明确的迹象，而且往往会先于或伴随攻击性行为。

出现"毛刷子"状的尾巴是猫对感知到的威胁做出的尾部反应，表现为毛发竖立起来（立毛）（图 3.6）。

猫应用行为学

图 3.5 "尾巴翘起",一种减少距离的信号,通常被视作友好的问候。

全身的信号

距离越来越远

猫会对突然出现的严重威胁,如遭遇潜在的掠食者就表现出背部拱起的姿态,同时竖起背部和尾巴的毛发,以显得更大更高(图3.6)。尾巴略微偏向一侧,朝向感知到的威胁,紧贴着身体,同时尾巴的尖端略微抬起。

以上描述的防御性反应是通过将躯体表现得更大,但大多数猫科动物对威胁和潜在危险的另一种反应是试图将身体尽可能地贴近地面,使头部低于身体来显得更小。如果有机会,猫也会试图隐藏起来(图3.7)。敌对猫之间的相遇会出现进攻性和防御性的身体姿势(图3.8)。

- 进攻性身体姿势:在与其他猫的对抗中,显得自信和无畏是一种优势。为了达到这个目的,姿势一般都是抬高并向前。身体和尾巴上的毛发可能会竖起来(竖毛),使自己看起来更大。尾巴被压住并紧贴身体。耳朵向前,眼睛睁开,有意与其他猫直接对视。

- 防御性身体姿势:防御性或恐惧性的猫在遭遇其他猫时,更有可能采取低下的身体姿态,远离挑战者。身体和尾巴上的毛发也可能会竖起来。尾巴被压住并紧贴身体。耳朵更有可能压扁或向后旋转。同时密切注视着对面的猫,但会通过眨眼、部分闭眼或偶尔稍稍偏向一侧来避免长时间的直接眼神接触。

图 3.6　猫面对突然出现的严重威胁（如潜在的掠食者），会表现出直立和拱背，这样会使身体看起来比实际更大。

图 3.7　一只害怕的猫可能会试图通过降低身体的姿势，使头比身体低，让自己看起来更小。如果有机会，它也会试图将自己隐藏起来。

距离减小

翻滚身体，同时伸展和张开爪子（被称为"社交性翻滚"），作为一种玩耍的邀请，可以针对其他猫、人，甚至是与猫有友好关系的其他动物（图 3.9）。一些作者（Feldman，1994a）将其描述为一种被动屈服的标志。但由于猫不需要服从的信号，而且当对方没有威胁时，更有可能发生社交性的翻身，所以将翻转身体描述为屈服似乎不太合理。

尽管社交性翻滚可以被看作一种友好的信号，表明猫觉得自己没有受到威胁，但千万不要把它理解为猫要求"抚摸肚子"，因为猫很可能已经处于兴奋（玩耍）状态，这样做可能会导致被咬伤或抓伤。同样这种"抚摸肚子"的行为也可能被认为是对猫身体的威胁，引起猫攻击性防御反应。

图 3.8　敌对猫之间一次侵略性的相遇。注意进攻和防守的身体姿势。

图 3.9　一个"社交性翻滚"是一个友好的信号，但它永远不应该被理解为猫需要"抚摸肚子"。

休息位置

　　猫休息的姿势可以表明它是紧张还是放松。保持双脚与地面接触可以使猫迅速采取行动。因此，猫以蜷缩的姿势休息，四只脚都接触地面，这可能是猫紧张并准备行动的信号，而半紧张的猫可能是半侧躺着，只有前脚接触地面。更放松的休息姿势是蜷缩和完全躺在一边，没有一只脚完全接触地面。平躺或仰卧是一种不常见的休息姿势，但这是猫在完全放松的时候会采用的。

触觉交流

猫之间的触觉交流包括嗅探、相互摩擦和相互理毛。当这些行为相互发生时，可能是两只或更多猫之间积极关系的标志。然而，友好互动的尝试并不总是得到回报，甚至可能受到攻击性的回应。类似的行为也经常针对人类和其他动物，如与猫有良好关系的其他家庭宠物。其中一些行为，如相互摩擦和尾巴缠绕，可能与嗅觉交流有关，因为这些行为可以在个体之间传递气味。

嗅探

鼻子相互接触（或同时嗅鼻）是一种亲密行为，通常伴随在相互抬起尾巴接近之后（图3.10），但并不总是如此。对野猫群落的观察表明，这种行为更可能是由雄性而不是雌性发起的（Cafazzo和Natoli，2009）。放低自己的尾巴接近、嗅探其他猫后部或其他部位，这种行为不太可能是针对与其关系密切或喜欢的个体（Brown，1993）。

相互摩擦

头部、脸颊和侧身的相互摩擦也发生在有社会关系的个体之间，几乎总是伴随在发起者抬起尾巴之后（Brown，1993）（图3.11）。如果两只猫都翘起尾

图3.10　鼻子触碰，一种亲和的问候行为。

　　　　　　　　　　　　　　　　　　猫应用行为学

图 3.11　相互摩擦发生在有社会关系的个体之间，通常和相互抬起尾巴一起发生。

巴接近对方，那么两只猫都更有可能相互摩擦，但如果只有一只猫翘起尾巴，那么另一只猫可能根本没有反应，或者只是在被摩擦后短暂地回应。从对野猫和农场猫群的研究来看，与触摸鼻子不同，摩擦更可能是由雌性而非雄性发起的，而且是由年轻的群体成员对年长的动物发起的（Cafazzo 和 Natoli，2009；Bradshaw 等，2012）。

据推测，猫之间可以通过摩擦来交换气味，以保持"群体气味"（Bradshaw 等，2012）。另一种理论是，这可能是幼猫直接向母亲索取食物行为的延伸（Cafazzo 和 Natoli，2009）。这种行为也更有可能在人类给猫喂食时发生。

尾巴缠绕

这通常在两只社会关系良好的猫之间发生，或者也可能是针对其他被认为是友好的动物或人。尾巴的方向是绕着或顶着对方，通常会互相缠绕，就像相互摩擦一样，这种行为更有可能在发起者翘起尾巴后发生，如果接受者也举起尾巴，则更有可能得到相应的回应。

相互理毛

对另一只猫的理毛行为通常是针对头部和颈部区域，一只猫可能会通过扭转脖子来露出颈部下方或面部侧面，来寻求另一只猫的梳理（Crowell-Davis 等，2004）。除了母猫对幼猫进行理毛外，互相理毛具有社会功能，而不是清洁功能，这种行为会从亲子关系演变为一种社会亲密行为。互相理毛也可能是个体间交换气味和保持群体气味凝聚力的另一种方式。相互理毛并不总是一种亲和行为。被梳理的猫并不总是显得很享受，攻击性行为也会在理毛过程中或之后发生，而理毛的那一方更有可能做出攻击性行为（Van den Bos，1998）。

宠物猫还学会了各种从人类那里寻求理毛（抚摸）的方式，包括打呼噜、用头撞、用前脚掌拍打或抓挠。另外，当被另一只猫理毛时，大多数猫喜欢被抚摸头部周围，而不是身体的其他部位（Ellis 等，2015b）。宠物猫偶尔也会舔舐它们认为友好的或与它们有亲密关系的人，这可能也是一种相互理毛的尝试。

踩奶

踩奶，即用前脚有节奏地推压物体，同时伸出和收回爪子，这是幼猫的一种行为，可以刺激母乳的流出。成年猫会对柔软的材料，如被褥，与它们有社会关系的其他猫以及人类照顾者表现出这种行为。与摩擦不同的是，当猫期待食物时，似乎不会对人表现出踩奶行为，因此，尽管在幼猫中这是一种索取食物的方式，但在成年猫中这种行为的目的还不清楚。它可能仅仅是一种与愉悦相关的新陈代谢行为。

嗅觉交流

定义

- **化学信息素 Semiochemical**：植物或动物用来与他人交流或影响他人生理或行为的化学物质，来自希腊语 semeion。
- **异种化学信息素**：指特定的接受者或化学信息素接受者是不同物种时使用的术语。
- **外激素（信息素）**：用于定义种内交流中使用的化学信息素，即同一物种成员之间的化学物质，来自希腊语的 pherin（携带）和 hormon（刺激）（Pageat 和 Gaultier，2003）。然而，并不是所有的种内信息化合物都携带特定的"信息"。例如，猫叫产生的"群体气味"可能是一种社会凝聚力的气味，而不是传达特定信号的气味。因此，一些作者更喜欢把这些称为"社会气味"。

许多哺乳动物，包括猫，都使用外激素，这些信息素可以由同一物种的另一个体通过正常嗅觉和犁鼻器（雅各布逊氏器）（Tirindelli 等，2009）"识别"

（详见第2章）。外激素也被用于性交流，但这并不是它唯一的功能。猫通过尿液、粪便和皮肤腺体的分泌物释放这些信息素。

皮肤腺体

与猫嗅觉交流相关的皮肤腺体主要存在于头部周围，分别如下。

- 下巴下面的颌下腺。
- 嘴角的口周腺。
- 前额两侧的颞腺。
- 腮腺。

在身体其他部位发现的皮肤腺体有如下3种。

- 脚上的指间腺。
- 尾巴基部的尾上腺。
- 尾巴上的皮脂腺群。

所有这些都是皮脂腺或皮脂腺群。除了尾上腺外，大多数很少有明显的分泌物，尾上腺在未绝育的公猫中最为明显，有时会过度分泌，导致通常被称为"种马尾"的皮肤状况（尾上腺增生）。睾丸激素也会影响未绝育公猫腮腺的发育和相关皮脂的分泌（Zielonka等，1994）。

从面部腺体中分离出的5种不同信息素，每一种都是不同的化合物，但都含有不同数量的脂肪酸，其中3种已经确定了功能。

- F1和F5：功能尚未确定。
- F2：与未绝育公猫的性标记有关。
- F3：与熟悉和安全区域的面部标记有关。
- F4：与社会群体成员在相互摩擦和相互标记（在同一无生命物体上摩擦）过程中交换气味（Pageat和Gaultier，2003；Mills等，2013）有关。

面部腺体的气味通过"顶撞"的行为沉积到无生命物体上（图3.12）。除了气味标记外，这种行为也可能是视觉交流的一部分。

其中一些面部信息素已被人工合成，并在市场上出售。这些信息素可以与适当的行为建议一起使用，以帮助预防或治疗行为问题（详见11b）。

抓挠

猫会用前爪抓挠物体表面，并且通常有偏好的抓挠区域，这种行为会经常重复。它们可能会表现出对垂直或水平表面的特定偏好，也可能在两种表面上同样抓挠。抓挠的一个原因是去除即将脱落的指甲，以保持爪子的良好状态。但是抓挠也是一种气味标记的手段。在抓挠过程中，气味会从脚趾间的指间腺

图 3.12 面部腺体的气味通过"顶撞"行为沉积到无生命物体上。

和足底垫(也就是肉垫)的腺体中沉积下来。抓挠也会留下视觉标记,这可能有助于吸引其他猫靠近嗅闻标记。

抓挠标记的确切目的尚不清楚。通常被认为是一种领地标记形式,因为它通常发生在猫熟悉的区域,而不是陌生的区域(Feldman,1994a,b)。然而,猫似乎不会主动避开其他猫留下的划痕,所以这些划痕不太可能是一个领地警告。Mengoli 等(2013)发现,与绝育的个体相比,未绝育的猫都有制造更多划痕的倾向,对野猫的观察发现,其他猫在的时候这种行为更有可能发生(Turner,1988;被 Bradshaw 等,2012 引用)。有可能存在着性"宣示"的因素。但绝育后的猫也会抓挠,而且热情不一。主人经常报告说猫在回家时或早上第一件事就是抓挠家具或猫抓柱,Mertens 和 Schär(1988)中引用了 Schär(1986)的观点,认为抓挠可能是与人互动时兴奋的表现。然而,不论在室内、室外,有无人在,有无其他猫在,宠物猫的抓挠行为都会发生,这表明猫抓挠留下的信息可能是给自己的,也可能是给别人的。有一种理论认为,这些信息可能会给猫提供一个信号,告诉它哪里可以放松,哪里需要警惕(Casey,2009)。

尿液

尿液标记或"喷尿"是猫科动物气味信号中认知最深的。喷尿时,猫会采取一种特殊的站立姿势,后脚交替,尾巴竖起并颤抖。在这种姿势下,尿液会向后流出，通常会流到一个垂直的表面上（图 3.13）。排出的尿量取决于当时膀胱的充盈程度（Neilson，2009）。

在正常的蹲式排尿后，猫会试图掩埋或遮盖尿液痕迹，但不会试图遮盖喷射出去的尿液，尿液会沉积在猫"鼻子高度"的位置，以便让其他猫清楚地感知到。与通过下蹲排出的尿液相比，猫对喷射出去的痕迹表现出更大的兴趣，喷射标记的尿液更能引起猫的注意，而对喷射标记的嗅闻往往会引起"弗莱曼反射"（详见第 2 章），激活犁鼻器（Bradshaw 等，2012）。

喷射尿液常见于未绝育的公猫，发情期的雌性若在附近，这一行为会更加频繁。未绝育的发情母猫也会喷射尿液（Bradshaw 等，2012）。因此，尿液喷射最有可能是传递发情信息和健康状况的一种方式（详见第 4 章）。但所有成年猫，无论性别或是否绝育，都会以这种尿液喷射的方式留下气味，所以性标记不是这种行为的唯一原因。

当猫感到焦虑或压力时，室内绝育猫也会进行尿液喷射（Amat 等，2015）。这种行为更可能发生在猫以前感到不安全或受到威胁的区域。猫的压力和焦虑有很多原因，但伴随尿液喷射时，原因往往是感知到与其他猫的竞争，或是猫

图 3.13 尿液标记（喷尿）。（图片来源：德语维基百科，符合 CC BY-SA 3.0 知识共享许可协议。）

生活的核心领地被生活在同一个家庭或邻近的猫侵占。

因此，喷射尿液可能是一种领地行为，但不清楚传达的信息是什么。目前的假设包括以下内容。

- 这可能是对其他猫的一个简单警告。然而，猫似乎并不回避其他猫留下的喷尿痕迹，事实上，它们经常会花很长时间去嗅探这些痕迹（Bradshaw 和 Cameron-Beaumont，2000）。因此，尿液标记不太可能仅仅是作为一种避免接触的手段，或是警告"入侵者"离开自己领地的方式。
- 尿液气味可能被沉积，入侵者通过比较沉积的气味和猫的气味来识别领地所有者。但是，这只能在两只猫已经见面的情况下才能奏效。
- 尿液标记可能包含有关猫的健康和竞争力的信息，让入侵者思考其赢得对抗的机会和潜在的风险。
- 由于尿液中的化学物质会随着时间的推移而降解，气味的强度可能会让嗅探的猫知道气味标记是在多久前产生的，也就是尿液标记的猫最后一次在这个地区的时间。
- 留下气味标记甚至可能是猫的一种应对策略，要么增加它的气味特征，要么通过向自己提供可能需要额外警惕的信息来增加可预测性和可控性（Bowen 和 Heath，2005；Bradshaw 等，2012）。

粪便

尽管许多食肉动物将粪便作为嗅觉交流的一部分，但没有确切的证据表明家猫也是如此。Nakabayashi 等（2012）发现，与嗅闻自己或熟悉的猫的粪便相比，嗅闻陌生猫的粪便上花费的时间更长，这表明粪便中可能传达了一些嗅觉信息，但还需要进一步研究。人们还观察到，野猫和农场猫更可能将粪便埋在靠近核心领地的地方，而将狩猎区或领地边界的粪便暴露出来，这表明粪便可能被用作领地的标记（Feldman，1994b；Bradshaw 和 Cameron-Beaumont，2000）。但对这种行为的另一种解释是，为了卫生和避免吸引潜在的捕食者，在靠近核心领地的地方更倾向于将粪便埋起来。

参考文献

Amat, M., Camps, T. and Mantecu, X. (2015) Stress in owned cats, behavioural changes and welfare applications. *Journal of Feline Medicine and Surgery* 18, 577–586.

Bowen, J. and Heath, S. (2005) Behaviour Problems in Small Animals. *Practical Advice for the Veterinary Team*. Saunders Ltd, Elsevier, Philadelphia, Pennsylvania, USA.

Bradshaw, J.W.S. (1992) *The Behaviour of the Domestic Cat*. CAB International, Wallingford, UK.

Bradshaw, J.W.S. and Cameron-Beaumont, C. (2000) The signalling repertoire of the domestic cat and its undomesticated relatives. In: Turner, D.C. and Bateson, P. (eds) *The Domestic Cat: The Biology of its Behaviour,* 2nd edn. Cambridge University Press, Cambridge, UK. pp. 67–93.

Bradshaw, J.W.S., Blackwell, E.J. and Casey, R.A. (2009) Dominance in domestic dogs – useful construct or bad habit? *Journal of Veterinary Behavior* 4, 135–144.

Bradshaw, J.W.S., Casey, R.A. and Brown, S.L. (2012) *The Behaviour of the Domestic Cat,* 2nd edn. CAB International, Wallingford, UK.

Brown, S.L. (1993) The social behaviour of neutered domestic cats (*Felis catus*). PhD thesis, University of Southampton, Southampton, UK.

Brown, S.L. and Bradshaw J.W.S. (2014) Communication in the domestic cat: within- and between-species. In: Turner, D.C. and Bateson, P. (eds) *The Domestic Cat: The Biology of its Behaviour,* 3rd edn. Cambridge University Press, Cambridge, UK pp. 37–59.

Cafazzo, S. and Natoli, E. (2009) The social function of tail up in the domestic cat (*Felis silvestris catus*). *Behavioural Processes* 80, 60–66.

Cameron-Beaumont, C.L. (1997) Visual and tactile communication in the domestic cat (*Felis silvestris catus*) and undomesticated small felids. Ph.D. thesis, University of Southampton, Southampton, UK.

Casey, R.C. (2009) Management problems in cats. In: Horwitz, D.F. and Mills, D.S. (eds) *BSAVA Manual of Canine and Feline Behavioural Medicine*, 2nd edn. BSAVA Gloucester, UK.

Crowell-Davis, S.L., Curtis, T.M. and Knowles, J. (2004) Social organization in the cat: a modern understanding. *Journal of Feline Medicine and Surgery* 6, pp. 19–28.

Deag, J.M., Manning, A. and Lawrence, C.E. (2000) Factors influencing the mother–kitten relationship. In: Turner, D.C. and Bateson, P. (eds) *The Domestic Cat: The Biology of its Behaviour*, 2nd edn. Cambridge University Press, Cambridge, UK, pp. 23–45.

de Oliveira Calleia, F., Rohe, F. and Gordo M. (2009) Hunting strategy of the margay (*Leopardus wiedii*) to attract the wild pied tamarin (*Saguinus bicolor*). *Neotropical Primates* 16, 32–34.

Ellis, S.L.H., Swindell, V. and Burman, O.H.P. (2015a) Human classification of contextrelated vocalizations emitted by familiar and unfamiliar domestic cats: An Exploratory

Study. *Anthrozoös* 28, 625–634.

Ellis, S.L.H., Thompson, H., Guijarro, C. and Zulch, E. (2015b) The influence of body region, handler familiarity and order of region handled on the domestic cat's response to being stroked. *Applied Animal Behaviour Science* 173, 60–67.

Feldman, H.N. (1994a) Domestic cats and passive submission. *Animal Behaviour* 47, 457–459.

Feldman, H.N. (1994b) Methods of scent marking in the domestic cat. *Canadian Journal of Zoology* 72, 1093–1099.

Finka, L., Ellis, S.L.H., Wilkinson, A. and Mills, D. (2014) The development of an emotional ethogram for Felis sivestris focused on FEAR and RAGE. *Journal of Veterinary Behavior* 9(6), e5.

Hedges, S. (2014) *Practical Canine Behaviour for Veterinary Nurses and Technicians*. CAB International, Wallingford, UK.

Kiley-Worthington, M. (1984) Animal language? Vocal communication of some ungulates, canids and felids. Acta Zoologica Fennica 171, pp. 83–88. Cited in: Bradshaw, J.W.S., Casey, R.A. and Brown, S.L. (2012) *The Behaviour of the Domestic Cat*, 2nd edn. CAB International, Wallingford, UK.

Lawrence, C.E. (1980) Individual differences in the mother-kitten relationship in the domestic cat (*Felis catus*). PhD thesis, University of Edinburgh, Edinburgh, UK.

McComb, K., Taylor, A.M., Wilson, C. and Charlton, B.D. (2009) The cry embedded within the purr. *Current Biology* 19 R507–R508.

McFarland, D., (1985) *Animal Behaviour: Psychobiology, Ethology and Evolution*. Longman, Harlow, UK.

Mengoli, M, Mariti, C., Cozzi, A., Cestarollo, E., Lafont-Lecuelle, C., Pageat, P. and Gazzano, A. (2013) Scratching behaviour and its features: a questionnaire-based study in an Italian sample of domestic cats. *Journal of Feline Medicine and Surgery* 15, 886–892.

Mermet, N., Coureaud, G., McGrane, S. and Schaal, B. (2008) Odour-guided social behaviour in newborn and young cats: an analytical survey. *Chemoecology* 17(4), 187–199.

Mills, D., Dube, M.B. and Zulch, H. (2013) *Stress and Pheromonatherapy in Small Animal Clinical Behaviour*. John Wiley & Sons, Oxford, UK.

Nakabayashi, M., Yamaoka, R. and Nakashima, Y. (2012) Do faecal odours enable domestic cats (Felis catus) to distinguish familiarity of the donors? *Journal of Ethology* 30, 325–329.

猫应用行为学

Neilson, J.C. (2009) House soiling by cats. In: Horwitz, D.F. and Mills, D.S. (eds) *BSAVA Manual of Canine and Feline Behavioural Medicine*, 2nd edn. BSAVA, Gloucester, UK.

Nicastro, N. (2004) Perceptual and acoustic evidence for species-level differences in meow vocalisations by domestic cats (*Felis catus*) and African wild cats (*Felis sylvestris lybica*). *Journal of Comparative Psychology* 118, 287–296.

Nicastro, N. and Owren, M.J. (2003) Classification of domestic cat (*Felis catus*) vocalizations by naïve and experienced human listeners. *Journal of Comparative Psychology* 117, 44–52.

Pageat, P. and Gaultier, E. (2003) Current research in canine and feline pheromones. Veterinary Clinics of North America. *Small Animal Practice* 33, 187–211.

Pongrácz, P., Molnár, C., Miklósi, A. and Csányi V. (2005) Human listeners are able to classify dog (*Canis familiaris*) barks recorded in different situations. *Journal of Comparative Psychology* 119, 136.

Remmers, J.E. and Gautier, H. (1972) Neural and mechanical mechanisms of feline purring. *Respiration Physiology* 16, 351–361.

Schär, R. (1986) Einfluss von Artgenossen und Umgebung auf die Sozialstruktur von fünf Bauernkatzengruppen. Lizentiatsarbeit. Bern, Druckerei der Universität Bern. Cited in: Mertens, C. and Schär, R. (1988) Practical aspects of research on cats. In: Turner, D.C. and Bateson, P. (eds) *The Domestic Cat: The Biology of its Behaviour.* Cambridge University Press, Cambridge, UK.

Shimizu, M. (2001) Vocalizations of feral cats: sexual differences in the breeding season. *Mammal Study* 26, 85–92.

Szenczi, P., Bánszegi, O., Urrutia, A., Faragó, T. and Hudson, R. (2016) Mother–offspring recognition in the domestic cat: Kittens recognize their own mother's call. *Developmental Psychobiology* 58, 568–577.

Tirindelli, R., Dibattista, M., Pifferi, S. and Menini, A. (2009) From pheromones to behavior. *Physiological Reviews* 89, 921–956.

Turner, D.C. (1988) Cat behaviour and the human/cat relationship. Animalis Familiaris 3, 16–21, Cited in: Bradshaw, J.W.S., Casey, R.A. and Brown, S.L. (2012) *The Behaviour of the Domestic Cat,* 2nd edn. CAB International, Wallingford, UK.

Van den Bos, R. (1998) The function of allogrooming in domestic cats (*Felis silvestris catus*): A study in a group of cats living in confinement. *Journal of Ethology* 14, 123–131.

Von Muggenthaler, E. (2006) The felid purr: A bio-mechanical healing mechanism. In: *Proceedings of the 12th International Conference on Low Frequency Noise and*

Vibration and its Control. Bristol, UK.

Yeon, S.C., Kim, Y.K., Park, S.J., Lee, S.S., Lee, S,Y. et al. (2011) Differences between vocalizations evoked by social stimuli in feral cats and house cats. *Behavioural Processes* 87, 183–189.

Zielonka, T.M., Charpin, D., Berbis, P., Luciani, P., Casanova, D. and Vervloet, D. (1994) Effects of castration and testosterone on Fel d 1 production by sebaceous glands of male cats. *Clinical and Experimental Allergy* 24, 1169–1173.

4 社交、进食和捕食行为

社会性行为

绝大多数猫科动物系非群居性动物。除狮子外，几乎所有的猫科动物成年后都离群索居，包括家猫的祖先——非洲野猫（*Felis silvestris lybica*）亦是如此（Bradshaw，2016a）。然而，家猫的社会性具有超强的弹性，既能单独生活也能与其他成员群居，甚至与同种个体建立密切的社会联系。

社交能力的发展是早期驯化的一部分（详见第 1 章），那时，人类丢弃的垃圾和储藏的食物引来了老鼠，把独居猫科动物吸引汇聚到了人类居住地。此外，人造建筑使充足的食物来源唾手可得，也是母猫抚养幼崽理想的庇护所。因此，那些能容忍与其他猫近距离接触的猫，捕猎机会更多，生存前景更好，从而将基因遗传下去的可能性也更大。随着人类居住地规模和密度的扩大，以及在城镇和村庄附近或内部生存的猫的数量的增加，与其他猫共同生存的忍耐力变得更加重要（Bradshaw，2016b）。

然而，物种特异行为的改变是非常缓慢的持续性过程，家猫还未进化到完全社会化的程度，存在局限性，所以永远不要想着，猫会因为是同种，而和别的猫出于本能地和谐相处。事实上，与其他猫的近距离接触和资源共享是猫的主要压力来源，特别是与那些它们认为不属于同一种群的猫。

野猫的社会性行为

注意不要将野猫与野生猫（未被驯化的猫科种属）或家养流浪猫（曾经是宠物而现在无主人的猫）混淆。野猫（feral cats）被定义为是一种从未与人类交往过的家猫（*Felis silvestris catus*），无须人类提供食物、住所或照料。

研究表明，野猫种群最有可能出现在猎物或其他食物资源丰富且有迹可循的地方，如农场、垃圾场或经常有人施舍的地方，更有可能看到野猫聚居地。在食物资源稀少的地区，猫独自生活（Corbett，1979；Liberg 等，2000）的概率更大。

这就引发了一个问题：野猫的聚集是存在社会关系的证明，还是只是独居动物在丰富食物来源周围的聚集；这种聚集在野生、街生或自由放养的家畜中十分常见。通常来说，聚集地中的动物包括彼此视为猎物或天敌的不同物种，它们在彼此附近进食饮水，尤其是在资源价值较高或资源有限的情况下。但是，对野猫群体间友好互动的观察表明，许多野猫都存在社会联系，并非仅因食物吸引到同一个地方（Kerby 和 Macdonald，1988；Crowell-Davis 等，2004）。

庇护所和合适的栖息地是另一个相关因素，可以解释为什么野猫聚居地存在于农场和工业场所等区域的可能性更大，因为谷仓、仓库和废弃的建筑物这些地方，可以为它们提供理想的栖息地。

野猫群体的规模可以从少于 10 只到超过 50 只不等，较大的聚居地由较小的社会群体组成的可能性更大。这些聚居地主要由存在亲缘关系的雌性及其后代组成，包括尚未性成熟的幼猫和一些年轻的成年雄性。除了交配时，其他时期它们都会避免与其他群体的猫接触，群体成员对有试图入侵领地或对资源构成威胁的外来猫怀有敌意（Kerby 和 Macdonald，1988；Bradshaw 等，2012）。

社会群体的优势是什么

猫是自力更生的猎手，生存无需群体合作。但是，在群体生活中，家猫共同努力保护资源，对繁殖中的雌性和幼崽来说可能更有益。此外，群居的雌性家猫会在生育、照顾和喂养彼此的幼崽时互相帮助（Allaby 和 Crawford，1982；Macdonald 等，1987），这种行为也见于家养的繁殖母猫，尤其是有亲缘关系的母猫。然而研究表明，群居一大缺点是增加患病风险，群居街猫的病原体流行率远高于家猫（Macdonald 等，2000）。

成熟雄性

一旦达到性成熟，大多数公猫都会离开母亲的活动范围，过上独居生活。性成熟的公猫相遇时会互相避开或打斗，尤其是当附近有发情的雌猫时（Dards，1983）。然而，同胞兄弟或在同一个群体中长大的雄性会成立联盟或"兄弟会"，表现出友好问候，甚至耐心"轮流"与发情期的雌性交配。（Allaby 和 Crawford，1982；Liberg 和 Sandell，1988；Macdonald 等，2000；Crowell-Davis 等，2004）。然而，这可能仅见于幼年雄性，更成熟的雄性之间相遇的结果为攻击的可能性更大（Dards，1983；Bradshaw 等，2012）。

活动范围

"活动范围"是猫经常出没的区域。这包括领地和核心领地。

● **领地：** 猫主动防御并禁止非同一社会群体的猫进入的区域。

- **核心领地**：位于领地内部，猫觉得最安全的地方。对于宠物猫来说，通常指主人的家。

一只未绝育性成熟公猫的活动范围平均比母猫的活动范围大 3.5 倍（Bradshaw 等，2012）。活动范围的大小取决于对猫来说最重要的一些影响因素，包括该地区其他猫的数量；对雌性来说，是猫的总体密度；对雄性来说，则是该地区可配种母猫的数量。对于两性来说，食物或猎物的可获得性也很重要（Liberg 和 Sandell，1988）。雄性的活动范围在一年中的不同时节会有所不同，通常在交配季节，范围会更大，但已绝育猫则有所不同，其活动范围的大小无季节性差异。绝育也会显著地改变所有性别的活动范围，绝育猫的活动范围比未绝育猫要小得多。所有的猫，不管绝育与否，晚上似乎比白天活动范围更大。（Thomas 等，2014；Kitts-Morgan 等，2015）。

宠物猫的社交行为

绝育的影响

在英国，大多数 6~12 个月大的猫都会绝育（Murray 等，2009）。绝育会对猫的行为产生重大影响，尤其是与其他猫之间的社交行为。

绝育是摘除猫的生殖器官，以防止性行为和意外怀孕的发生，还可以预防、改变或调整其他受激素影响的行为。防止非必要行为，最有效的绝育时期是在青春期或青春期之前。

公猫绝育是将雄性的睾丸切除，这可以显著减少性动机行为，如尿液标记和与其他雄性打斗。绝育会增加公猫和其他猫共同生活的可能性，但并不绝对。

母猫绝育是摘除雌性的子宫和卵巢，绝育后的雌性没有繁殖周期（详见第 5 章），因此，不会吸引雄性或表现出发情行为。

多猫家庭中的社会性分组

每个家庭养猫数量可能相差很大，住房条件以及空间和资源的可用性也可能相距甚远。千万不要因为宠物猫住在一起，就认为它们现在或将来会成为亲密伙伴，即使它们曾经有过亲密的关系。与野生猫、流浪猫或野猫不同，家养猫无法自由选择与之共同生活的其他猫的数量、性别和血缘关系。

大多数多猫家庭是由单独的个体和小型社会群体组成，每个群体通常在 2~3 只，也可能会因情况而异。即使在有许多猫的房子里，它们彼此间也可能没有社会关系，均为独立个体。

宠物猫之间存在实质性的社会关系，从幼时就共同生活的猫之间更可能出现这种关系，特别是血缘关系相近的猫（Bradshaw 和 Hall，1999；Curtis 等，2003）。两只成年猫或成年猫与幼猫经介绍成为朋友的也并不罕见，但其可能性远低于共同长大的情况。

打斗和压力问题在成年猫身上更常见。Levine 等（2005）的一项研究，对375 名从纽约动物收容所领养成年猫的主人进行调查。49.6% 的人表示，新领养的猫和已养的猫之间在初遇时发生了争斗，35% 的人表示，在新猫进门之后2~12 个月内，打斗仍在继续。

其余 65% 的人表示猫在一年后不再打斗，但这并不意味着这些猫成了亲密伙伴。即使在未绝育雄性之间，相同个体之间的争斗频率和强度也会随着时间的推移而减少，所以绝育宠物之间也可能发生同样的情况。主人经常会把轻度到中度的攻击误认为是嬉戏打闹。即使猫不再打斗或显示出明显的冲突迹象，也不能充分说明它们之间建立了社会关系。多数情况下，把彼此视为不同群体成员的猫，可以学会在相互容忍或接受的状态下共同生活。

是否能够容忍陌生猫出现在核心领地，可能取决于先前的经历，特别是与其他猫之间的社交，以及个体应对挑战的先天能力。另外，这些因素又可能会受到诸如总体健康状况和发育过程中遭受的压力源等因素影响（详见第 5 章）。

共同生活的猫也能学会避免冲突的方法，如分时段获取资源，包括食物、休息地、猫砂盆，甚至是与主人亲近的机会。但环境的限制，或主人误以为猫之间存在亲密关系，这可能会影响它们避免冲突的能力，导致打斗、长期应激以及出现不良行为或压力相关的健康问题的概率增加。

即使家猫之间存在密切的社会关系，这种关系也可能不会维持稳定，如果面临健康问题、外部压力和资源有限等问题，这种关系很容易破裂，甚至彻底瓦解，导致竞争。

存在社会关系的表现

存在社会关系的表现如下。

- 寻求彼此的陪伴。
- 靠近时尾巴直立，通过嗅 / 接触鼻子来打招呼。
- 相互梳理毛发（互相理毛）。
- 互相摩擦。
- 休息和睡觉时紧靠在一起，通常互相接触，有时也会互相缠绕（图 4.1）。

图4.1　有社会关系的猫在睡觉或休息时彼此密切接触的可能性较大。不同社会群体的猫可能会共享一个理想的休息区，但会保持距离。

玩耍也可以是社会关系的表现，可以通过以下方式与打架区分开来。

- 一般很安静，很少发声或不发声。
- 两只猫在玩耍中的大部分时间都表现出前倾的姿势。
- 爪子缩回，咬合抑制。
- 玩耍结束后，猫恢复到上述的亲密行为。

尽管某一个体可能将另一个体视为朋友，但这种感受可能没有回应，因此，亲密行为有时仅是单向的。

经常会被误认为证明社会关系的表现

打斗：关系友好的猫之间偶尔也会打斗，但如果猫打斗比玩耍更频繁，则表明它们之间关系不和睦。然而，常常很难区分游戏打斗和真实打斗。如果出现以下行为，猫更像是在打斗。

- 发声——尤其是低吼、嘶嘶声或喀声。
- 头和身体后倾，挥舞前爪做出防御性动作。
- 耳朵向后或向下旋转到两侧。
- 瞳孔放大。
- 伸出爪子，咬合不收敛。
- "快速摇摆"的尾巴。

共同进食：人们通常认为，如果猫一起吃饭，就意味着它们关系亲密。然而，多数情况下，共同进食是因为别无选择，特别是食碗放得很近或者没有其他营养食物时。分时段获取食物可能无法行得通，因为如果一只猫离开喂食区，另一只猫可能会吃掉它那份食物。因此，猫在一起吃饭看起来似乎很自在，但

图 4.2 共同进食并不能说明关系亲密。如果在其他地方没有同等营养的食物，猫可能会被迫共同进食，对猫来说，这是高度紧张的时刻，可能会增加竞争和攻击性。

事实上，这种情况对它们来说压力很大。被迫共同进食也会使它们认为食物十分有限，从而进一步加剧竞争和斗争（图 4.2）。

共同休息：即使不和睦的猫也会经常在同一个地方或同一件家具上休息或睡觉，但它们的确切姿势可以表明，它们只是在同一个地方休息，而不是想要与对方建立亲密关系。在这种情况下，它们的身体可能没有完全放松，而且之间有明显的距离（图 4.1）。

敌对关系的表现（不包括打架）

回避：猫可能大部分时间都待在房子的不同区域，或者，如果允许户外活动的话，它们会花更多时间待在户外。如果在同一个房间内，它们可能会利用有高度的垂直空间，如家具的顶部，以避免相遇。

注视：一只猫被另一只猫密切或持续地注视，可能表明这只猫正感受到来自另一只猫的威胁。

保护资源（阻止别的猫获取资源）：竞争意识的增强，会导致猫通过阻止另一只猫的靠近，来保护资源，常见于守在走廊或房间入口处的守卫猫，该房间存在有价值的资源，如食物、猫砂盆、休息地，甚至是接近主人的机会。这种行为通常足以阻止另一只猫的试图进入，但如果没有，它可能会在试图经过时受到攻击（图 4.3）。

猫应用行为学

图4.3 一只猫可能会故意阻止另一只猫获取重要资源，如食物、休息场所或猫砂盆。

伏击： 伏击是另一种可能被误解为玩耍的行为，也是资源保护行为的一种。这些攻击通常发生在猫防御性最差的时间和地点，如在使用猫砂盆的期间或之后，尤其是在离开有盖猫砂盆时，以及通过猫门进出房屋时。

社会地位

猫的强势是一种相对于其他猫的权力或优势地位，强势猫是在冲突情况下取得胜利或获得资源优先权的个体。但事实上，该术语只适用于在冲突或竞争局势取得直接结果的个体。强势或弱势不能用于描述动物的气质或行为。

群体或两猫的强弱关系有时借助攻击性、防御性互动保持和稳定。对于一些群居物种，这可以是其正常社会结构的组成部分。

问题是野猫群体或多猫家庭中是否存在社会地位？当然，当猫不得不共享有限的生活空间和资源时，它们之间的竞争不可避免，有时自信坚定的个体会获得更多资源。但以此认为猫群存在社会地位尚存争议。

家猫的祖先，非洲野猫，是一种独居且具有高度领地意识的猫科动物，因此，社会地位成为家猫祖先社会结构的一部分可能性不大。但社会关系和群居生活被认为是家猫驯化的产物，是其公认的行为。事实上，一些早期基于实验室的研究观察到一些猫可以优先获得食物，得出猫具有社会地位的结论（Masserman 和 Siever，1944；Cole 和 Shafer，1966）。然而，后来对野猫群体的研究发现，尽管群体成员之间可能会发生攻击性事件，但更多证据表明攻击与结盟关系相关，而非社会地位（Macdonald 等，2000；Bradshaw，2016a）。此外，为了维持支配地位，从属群体成员不得不向更高级别个体表示服从。猫的服从性行为极为有限，在攻击和竞争中，它们更愿意通过防御行为避免或转移，而不是顺从（Bradshaw 等，2012）。另外，作为自力更生的掠食者，个体狩猎只为自己提供食物，无需发出各种信号用于避免因共享食物资源产生的冲突。因此，社会地位是家猫社会结构正常组成部分的可能性不大。

相邻的猫

相邻的猫之间很少存在友好关系，打斗更是稀松平常，尤其是在猫聚集的地区。绝育消除了性竞争，在一定程度上减少了打斗，但效果有限。因为在猫看来，空间和狩猎区域也是需要保护的重要资源。猫认为有必要保护核心领土和资源，免受潜在的其他猫的侵害。

然而，相邻的猫之间的战斗并非不可避免，它们可以采用一些避免冲突的手段，如分时段进入特定区域、躲藏或进入高处，在那里它们可以观察对手避免相遇。

与人的社会性行为

毫无疑问，宠物猫与其主人之间存在密切的社会关系，猫与主人亲密关系的质量在很大程度上取决于猫的性格、猫早期与人的社交（详见第 5 章）以及主人对猫的关心照顾。

宠物猫如何看待我们

宠物猫究竟如何看待我们，目前尚不清楚，人们普遍认为，宠物猫将我们视为照顾者，如同幼猫与母亲间的关系。举例说明，如一些猫在主人身上踩奶或者吮吸主人，但并非所有的宠物猫都会如此，而且这些行为，也可以在无生命的物体上完成，尤其是柔软的、类似毛皮的织物。另一种观点是，因为宠物猫对人表现出亲密行为，这种行为通常属于同一群体猫之间，所以认为它们将我们视为同一社会群体的成员。这两种观点暂无科学依据，猫如何看待与我们的关系仍然无解。

猫往往偏爱于喂养它们的人。Geering 在 1986 年进行的试验（被 Tumer，2000 引用）发现，虽然抚摸和玩耍等互动对维持关系十分必要，但喂养至关重要。但是 Shreve（2017）等最近的一项研究表明，猫更喜欢与人类互动而不是食物，研究中大多数猫喜欢的互动是玩逗猫棒。在玩耍时，猫对玩具的注意力多于主人，因此，与其说是与人的互动，不如说是猫与玩具的互动。与抚摸或交谈相比，猫更喜欢玩玩具，即使喂食食物如金枪鱼，也比抚摸或交谈更受猫的欢迎。这表明猫实际上最喜欢掠食性游戏，其次是美味的食物，最后才是与人类互动。

从一项研究中不可能推断出所有猫的偏好，毕竟因个体而异，而且受到多种因素的影响，例如，一天中的时间、情绪、饥饿以及与猫和主人间的关系的亲密度和质量。

对主人的依恋

依恋是指两个或多个个体之间的情感纽带。尽管关于猫对主人的依恋类型或程度需进一步讨论和研究，但毋庸置疑，宠物猫与主人之间确实建立了感情纽带。

在安全型依恋关系中，某一个体将另一个体视为安全和保障，并且在分离时表现出异常痛苦，这通常被称为"分离焦虑"。安全型依恋常见于包括人类在内的许多物种的亲子关系中，研究表明宠物狗与其主人之间也存在这种现象（Bowlby，1988；Topál 等，1998；Prato -Previde 等，2003）。

一些研究报告表明，猫也表现出对其主人的安全型依恋（Schwartz，2002；Edwards 等，2007）。但最近的一项研究对此前的研究结果提出质疑，尽管猫和主人亲近，但它们并没有表现出这种特殊的依恋形式（Potter 和 Mills，2015）。在另一项小型未发表的研究中，Zak（2016）等人采集了犬猫的血液样本，并检测了与主人互动前后催产素含量的变化。催产素是一种激素和神经递质，通常被称为"爱情激素"，在情感依恋中至关重要。在与主人互动后，狗的催产素平均增加了 57%，而猫的催产素增加了仅 12%，这与人类朋友见面时的水平大致相同。狗和猫之间催产素水平的差异印证了理论，即狗对主人产生安全型依恋可能性更大，并将人类视为亲密的照顾者，而猫更有可能将主人视为朋友（图 4.4）。

考虑到犬科动物和猫科动物的社会结构和血统之间的差异，加之犬的幼态持续水平比猫更高，猫天性更独立自主，对其主人产生安全依恋的可能性微乎其微。

然而，据报道猫也会有分离焦虑的行为（Schwartz，2002），但需要进一步论证，因为可能存在其他原因，例如，沮丧或因某些事而引发的恐惧和焦虑，而不仅仅是因与主人分离引起的焦虑。

图 4.4　宠物猫如何看待与人类的关系尚不可知。一些最近的研究表明猫可能将我们视为"好朋友"。

采食行为

食物偏好

　　与许多其他哺乳动物相比，猫的饮食中需要更多蛋白质。氨基酸是能量的主要来源和组织生长修复所必需的物质，猫对于特定氨基酸有着持续增长的需求，这些氨基酸是形成蛋白质的分子链，猫无法从其他食物中获取或在体内合成足够的特定氨基酸。这些特定氨基酸包括牛磺酸、精氨酸、蛋氨酸和半胱氨酸等，它们只能在动物肉类中获取。缺乏氨基酸会导致失明，心脏、神经和免疫系统异常（Zoran，2002）。因此，从一定程度上讲，猫是肉食性动物，换句话说，它们需要吃肉来保持健康，这一点体现在大多数猫的食物偏好中。

　　猫的味觉受体（味蕾）比狗或人要少得多，大约有 475 个，而狗的味觉受体为 1 700 个，人类为 9 000 个（Horwitz 等，2010）。猫可以尝出特定氨基酸的味道并偏爱某些食物，这些食物在人类看来是甜的，但其实猫没有尝出甜味的能力，因此，不太可能对其他甜味食物表现出偏好或厌恶。但是猫对苦味极其敏感，人工甜味剂如糖精往往会被猫拒之门外，它们可能认为这些糖精是苦的而不是甜的（Bartoshuk 等，1975）。喜甜恶苦有助于猫分辨新鲜肉类，其必需氨基酸含量高于腐肉。

嗅觉在食物接受中起着重要作用，通常情况下，如果猫闻不到食物的气味，就会拒绝进食，这说明大多数猫更喜欢保存在室温或体温环境下的食物，而非直接从冰箱中取出的冷食，因为后者气味大量减少。对于野猫和野生猫来说，这也可能是一种分辨食物新鲜与否的方法。

有些猫会对食物有喜新厌旧的表现。这可能是一种鼓励饮食多样性的自然行为，从而实现营养平衡。另一理论认为，这样可以防止单一捕食，避免当地食物数量和可获得性下降。

相比之下，其他猫可能只进食单一类型和质地的食物，排斥其他食物，这种行为可能在幼猫出生前就已经存在。断奶期内，幼猫会更喜欢母亲在怀孕和哺乳期间所吃的食物的味道（详见第5章）。如果母亲在这段时间里饮食有限，幼猫在断奶期间和之后也没有进食其他食物，在成年后更可能拒绝新的食物味道和质地。

进食方式

许多猫喜欢少食多餐，这种模式是模仿野猫的自然进食，即一天内野猫不定时捕食和进食各种小型猎物。然而，有些猫会一次性吃掉碗里的所有食物，特别是当食物价值很高的时候，如食物适口性较高，或者猫由于疾病或营养不良而食欲增加；除此之外，还可能是与其他猫的竞争，尤其在多猫家庭中。猫被喂食的时候离得较近，这种情况发生概率较大。

捕食行为

猫又名"冷血杀手"，因为它们捕食纯粹是为了"好玩"，这种评价将猫的行为高度拟人化，但忽略了猫的生存本能。猫是食肉动物，狩猎是生存的必要技能，对于非宠物猫来说尤为如此。

一般来说，接受良好喂养和照顾的宠物猫狩猎倾向下降（Silva-Rodríguez 和 Sieving，2011），但偶尔也会有强烈的捕猎动机（Adamec，1976）。虽然狩猎动机因饥饿而增加，但饥饿只是一个影响因素（Biben，1979），实际上，这是一项必要的生存策略，如果一只猫感到饥饿才开始狩猎，恐怕会面临严重的饥饿危机，原因如下。

- 并非每次狩猎都能成功，平均成功率约50%。
- 合适的猎物并不常有。
- 狩猎需要能量，饥饿的猫可能缺乏足够的能量，因此，可能成功率更低。

猫也常因没有迅速杀死猎物，对猎物进行不必要地"玩弄"而遭到谴责。但这种行为也情有可原。

- 尤其是啮齿动物，可能会咬伤猫。为免遭伤害，猫在捕获猎物之前，可能需要充分地耗尽猎物的体力。
- 需要将猎物逼进合适的位置，如此一来，猫才能高效地完成致命一击。如果猎物体型较大或活蹦乱跳，只能在猎物被充分制服的情况下才能致命一击。

捕猎和杀戮

猫的身体结构和生理机能使其成为高效的捕食者（方格4.1）。

方格4.1　完美捕食者的设计

听力

- 能听到包括小型哺乳动物和鸟类发出的高频音调。
- 能听到动物微小动作发出的声音。
- 耳廓（耳朵的外部）可以独立移动，作为定位放大器，帮助精确定位猎物发出声音的位置。

视力

- 双目较大且置于前方，三维视觉，使猫可以精确定位猎物的位置。
- 分辨微小而快速的动作的能力很强。
- 在弱光条件下的视觉增强，在夜间和黄昏时能进行有效的狩猎，这段时间猎物进入活跃期，离开安全的藏身之处可能性较大。

牙齿

- 齿长而尖，可以使猎物的脊椎脱臼，从而迅速杀死猎物。
- 牙齿内的感受器可以精确定位咬合的位置。

爪

- 尖。
- 伸缩性较好，正常情况下保持收缩状态。
- 爪子底部的感受器，能让猫正确感知压力并用适当的力道抓住猎物。

猫通过声音定位猎物。一旦定位成功，猫就会快速接近，一边前进一边保持蹲伏姿势，一般会在不远处停下并贴地观察猎物。保持以下姿势准备进攻。

- 身体平贴地面。
- 前腿置于肩部下方，双脚平放于地面。

- 头部和颈部前倾。
- 耳朵直立向前。
- 紧盯猎物（图4.5）。

图4.5 捕猎中，准备发动攻击。

当猫准备起跳时，后躯稍微抬离地面，用后爪交替踩踏地面。抖动尾巴是狩猎期间的常见动作。

在视野受阻时，如在草丛中，猫可能会垂直跳跃攻击猎物。但大多数情况下，猫会向前跳一小段距离，要么立即咬住猎物，要么先用前爪按住，再咬住猎物。一旦猎物被杀死，猫会立即吃掉或带到远离潜在竞争的安全地带。对于宠物猫来说，安全地带通常是它与主人的家。

对野生动物的影响

尽管养猫或驯猫人群看重猫的捕猎能力，但大多数宠物主人认为，这可能是一种不受欢迎的特性。因为家猫捕食小型哺乳动物、鸟类和爬行动物。散养猫、宠物猫、流浪猫或野猫非常不受环保主义者和野生动物爱好者欢迎。据报道，家猫对一些濒危物种的灭绝有部分责任，并可能会对更多物种构成严重威胁（Medina 等，2011；Thomas 等，2012）。然而，野生动物数量的变化以及其他因素（如栖息地破坏和野生动物的捕食）可能导致猫受到了不合理的指责，这种情况有时会被忽视（Bradshaw，2013）。

环境因素决定了猫对野生动物种群的影响程度。小岛上单一动物群最容易受到外来猫的威胁，而消灭一定量的野猫，先前濒危物种的数量迅速回升（Cooper 等，1995）。然而，猫也可以有效控制可能对野生动物或其栖息地构成威胁的老鼠和其他入侵物种的数量。在某些情况下，捕杀猫既不能降低风险，还会使濒危物种面临更大的风险（Karl 和 Best，1982；Dickman，2009）。例如，某一太平洋岛屿上，猫的被消灭导致兔子数量急剧增加，严重破坏岛上环境，本地野生动物和筑巢海鸟遭受毁灭性的打击（Bergstrom 等，2009）。

参考文献

Adamec, R.E. (1976) The interaction of hunger and preying in the domestic cat (*Felis catus*): an adaptive hierarchy? *Behavioral Biology* 18, 263–272.

Allaby, M. and Crawford, P. (1982) *The Curious Cat*. Michael Joseph, London.

Bartoshuk, L.M., Jacobs, H.L., Nichols, T.L., Hoff, L.A. and Ryckman, J.J. (1975) Taste rejection of nonnutritive sweeteners in cats. *Journal of Comparative and Physiological Psychology* 89, 971.

Bergstrom, D.M., Lucieer, W., Kiefer, K., Wasley, J., Belbin, L., Pedersen, T.K. and Chown, S.L. (2009) Indirect effects of invasive species removal devastate World Heritage Island. *Journal of Applied Ecology* 49, 73–81.

Biben, M. (1979) Predation and predatory play behaviour of domestic cats. *Animal Behaviour* 27, 81–94.

Bowlby, J. (1988) *A Secure Base. Clinical Applications of Attachment Theory*. Routledge, Abingdon, UK.

Bradshaw, J.W.S. (2013) *Cat Sense: The Feline Enigma Revealed*. Allen Lane, Penguin Books, London.

Bradshaw, J.W.S. (2016a) Sociality in cats: a comparative review. *Journal of Veterinary Behavior* 11, 113–124.

Bradshaw, J.W.S. (2016b) What is a cat, and why can cats become stressed or distressed? In: Ellis, S. and Sparkes, A. (eds) *The ISFM Guide to Feline Stress and Health*. International Cat Care, Tisbury, Wiltshire, UK.

Bradshaw, J.W.S. and Hall, S.L. (1999) Affiliative behaviour of related and unrelated pairs of cats in catteries: a preliminary report. *Applied Animal Behaviour Science* 63, 251–255.

Bradshaw, J.W.S., Casey, R.A. and Brown, S.L. (2012) *The Behaviour of the Domestic Cat*, 2nd edn. CAB International, Wallingford, UK.

Cole, D.D. and Shafer, J.N. (1966) A study of social dominance in cats. *Behaviour* 27, 39–52.

Cooper, J., Marais, A.V.N., Bloomer, J.P. and Bester, M.N. (1995) A success story:

breeding of burrowing petrels (Procellariidae) before and after the eradication of feral cats *Felis catus* at subantarctic Marion Island. *Marine Ornithology* 23, 33–37.

Corbett, L.K. (1979) Feeding ecology and social organisation of wildcats (*Felis silvestris*) and domestic cats (*Felis catus*) in Scotland. PhD thesis, University of Aberdeen, Aberdeen, UK.

Crowell-Davis, S.L., Curtis, T.M. and Knowles, J. (2004) Social organization in the cat: a modern understanding. *Journal of Feline Medicine and Surgery* 6, 19–28.

Curtis, T.M., Knowles, R.J. and Crowell-Davis, S.L. (2003) Influence of familiarity and relatedness on proximity and allogrooming in domestic cats (*Felis catus*). *American Journal of Veterinary Research* 64, 1151–1154.

Dards, J.L. (1983) The behaviour of dockyard cats: interactions of adult males. *Applied Animal Ethology* 10, 133–153.

Dickman, C. (2009) House cats as predators in the Australian environment: impacts and management. *Human–Wildlife Conflicts* 3, 41–48.

Edwards, C., Heiblum, M., Tejeda, A. and Galindo, F. (2007) Experimental evaluation of attachment behaviors in owned cats. *Journal of Veterinary Behavior* 2, 119–125.

Geering, K. (1986) Der Einfluss der Füttering auf die Katze-Mensch-Beziehung. Thesis, University of Zürich-Irchel, Switzerland. Cited in: Turner, D.C. (2000) The human–cat relationship. In: Turner, D.C. and Bateson, P. (eds) *The Domestic Cat: The Biology of its Behaviour,* 2nd edn. Cambridge University Press, Cambridge, UK, pp. 119–147.

Horwitz, D.F., Soulard, Y. and Junien-Castagna, A. (2010) The feeding behavior of the cat. In: Pibot, P., Biourge, V. and Elliot, D.A. (eds) *Encyclopedia of Feline Clinical Nutrition.* International Veterinary Information Service, Ithaca, New York. Available at: http://www. ivis.org/docarchive/A5115.0110.pdf (accessed 18 March 2018).

Karl, B.J. and Best, H.A. (1982) Feral cats on Stewart Island; their foods, and their effects on kakapo. *New Zealand Journal of Zoology* 9, 287–293.

Kerby, G. and Macdonald, D.W. (1988) Cat society and the consequence of colony size. In: Turner, D.C. and Bateson, P.P.G. (eds) *The Domestic Cat: The Biology of its Behaviour*, 1st edn. Cambridge University Press, Cambridge, UK, pp. 67–81.

Kitts-Morgan, S.E., Caires, K.C., Bohannon, L.A., Parsons, E.I. and Hilburn, K.A. (2015) Free-ranging farm cats: home range size and predation on a livestock unit in Northwest Georgia. *PLoS One*, DOI: 10.1371/journal.pone. 0120513.

Levine, E., Perry, P., Scarlett, J. and Houpt, K.A. (2005) Intercat aggression in households fol- lowing the introduction of a new cat. *Applied Animal Behaviour Science* 90, 325–336.

Liberg, O. and Sandell (1988) Spatial organisation and reproductive tactics in the domestic cat and other felids. In: Turner, D.C. and Bateson, P. (eds) *The Domestic Cat: The Biology of its B ehaviour*, 1st edn. Cambridge University Press. Cambridge, UK, pp. 83–98.

Liberg, O., Sandell, M. and Pontier, D. (2000) Density, spatial organisation and reproductive tactics in the domestic cat and other felids. In: Turner, D.C. and Bateson, P. (eds) *The Domestic Cat: The Biology of its Behaviour*, 2nd edn. Cambridge University Press, Cambridge, UK, pp. 119–147.

Macdonald, D.W., Apps, P.J., Carr, G.M. and Kerby, G. (1987) Social dynamics, nursing coalitions and infanticide among farm cats, *Felis catus. Ethology* 28, 66.

Macdonald, D.W., Yamaguchi, N. and Kerby, G. (2000) Group-living in the domestic cat: its sociobiology and epidemiology In: Turner, D.C. and Bateson, P. (eds) *The Domestic Cat: The Biology of its Behaviour*, 2nd edn. Cambridge University Press, Cambridge, UK, pp. 96–118.

Masserman, J.H. and Siever, P.W. (1944) Dominance, neurosis and aggression: an experimental study. *Psychosomatic Medicine* 6, 7–16.

Medina, F.M., Bonnaud, E., Vidal, E., Tershy, B.R., Zavaleta, E.S., Josh Donlan, C., Keitt, B.S., Corre, M., Horwath, S.V. and Nogales, M. *et al.* (2011) A global review of the impacts of invasive cats on island endangered vertebrates. *Global Change Biology* 17, 3503–3510.

Murray, J.K., Roberts, M.A., Whitmarsh, A. and Gruffydd-Jones, T.J. (2009) Survey of the characteristics of cats owned by households in the UK and factors affecting their neuter status. *Veterinary Record* 164, 137–141.

Potter, A. and Mills, D.S. (2015) Domestic cats (Felis silvestris catus) do not show signs of secure attachment to their owners. *PloS One* 10(9), e0135109.

Prato-Previde, E., Custance, D.M., Spiezio, C. and Sabatini, F. (2003) Is the dog–human relationship an attachment bond? An observational study using the Ainsworth's strange situation. *Behaviour* 140, 225–254.

Schwartz, S. (2002) Separation anxiety syndrome in cats: 136 cases (1991–2000). *Journal of the American Veterinary Medical Association* 7, 1028–1033.

Shreve, K.R., Mehrkam, L.R. and Udell, M.A. (2017) Social interaction, food, scent or toys? A formal assessment of domestic pet and shelter cat (Felis silvestris catus) preferences. *Behavioural Processes* 141, 322–328.

Silva-Rodríguez, E.A. and Sieving, K.E. (2011) Influence of care of domestic carnivores on their predation on vertebrates. *Conservation Biology* 25, 808–815.

Thomas, R.L., Fellowes, M.D.E. and Baker, P.J. (2012) Spatio-temporal variation in predation by urban domestic cats (Felis catus) and the acceptability of possible management actions in the UK. *PLoS One* 7(1–13), e49369. DOI: 10.1371/Journal.pone.0049369.

Thomas, R.L., Baker, P.J. and Fellowes, M.D.E. (2014) Ranging characteristics of the domestic cat (Felis catus) in an urban environment. *Urban Ecosystems* 17(4), 911–921.

Topál, J., Miklósi, Á., Csányi, V. and Dóka, A. (1998) Attachment behavior in dogs (Canis familiaris): a new application of Ainsworth's (1969) Strange Situation Test. *Journal of Comparative Psychology* 112, 219–229.

Zak, P.J. (2016) Cats vs Dogs. Available at: http://www.ohmidog.com/tag/paul-zak (accessed 7 February 2018).

Zoran, D.L. (2002) The carnivore connection to nutrition in cats. *Journal of the American Veterinary Medical Association* 221(11), 1559–1567.

5 从幼猫到成猫——家猫的繁殖行为和幼猫的行为发育

公猫的繁殖行为

未绝育并且性成熟的公猫在英文中被称作"tom"，它们大部分行为的目的是增加与更多母猫进行交配的可能性。而这些行为中的大多数会降低它们作为家养宠物的受欢迎程度。

攻击 / 打斗

一般情况下，未绝育的公猫会避免彼此接触，但发情期母猫的出现会将它们吸引到同一个地方。这些公猫之间的争斗是频繁而激烈的，往往伴随着大声的嚎叫、低吼甚至尖叫，并随之升级到实际意义的打斗，最终导致一定的伤害。打斗的两只公猫攻击行为的强度越高，之后冲突的机会就会越少，尤其是其中一只公猫总是获得胜利，这会让另一只猫学会后退和快速撤退。在打斗结束后，获得胜利的公猫会比落败的公猫表现出更多在无生命物品上做尿液标记和摩擦的行为。

喷尿行为

尽管所有的猫，包括所有性别的绝育猫，都会有喷尿的行为，但在未绝育的公猫中，这种行为更为常见，尤其是当它们接近一只发情期的母猫或意识到附近的母猫正在发情时。

喷尿是未绝育猫一种非常重要的传递信息的方式，它们通过这种行为，以嗅觉交流的形式，向潜在的配偶和竞争对手传递自身性别和身体健康相关的信息（详见第 3 章）。这些信息由信息素提供，在尿液标记过程中，猫的泌尿生殖区域会产生信息素并释放到尿液中，这种信息素可能由某种化学成分携带，尤其是一种称作猫尿氨酸的化合物。猫尿氨酸的释放由睾酮调节。性成熟的公猫在尿液中产生的猫尿氨酸比母猫和绝育公猫要多（Miyazaki 等，2006）。猫尿氨酸是由半胱氨酸和蛋氨酸生物合成的，这两种氨基酸都存在于肉类中，肉类是猫科动物重要的食物组成部分，同时身体健康的成功捕食者体内肌肉含量充足，所以猫尿氨酸还可以提供关于该猫的健康状况信息（Hendriks 等，1995）。

摩擦行为

已经确定的是，猫科动物面部信息素中的 F2 信息素（详见第 3 章）与雄性的性标记相关。这种化学信号的沉积和摩擦行为的表现显然是公猫求偶行为的一部分。

发情叫声

公猫求偶行为中还有一个部分是发声行为，它们会在求偶时发出独特的"喵嗷"叫声（Dards，1983；Shimizu，2001）。繁育者经常通过种猫的发情叫声来判断他们的繁殖母猫是否正处于发情期。

交配行为

家猫的交配行为较为迅速。配种公猫会从母猫的侧面或者后面接近母猫，咬住她们颈部背侧的皮肤，然后骑跨到母猫的背上。这个时候，母猫会放低胸部，同时抬高骨盆，将尾巴放在身体一侧，帮助公猫更好地对准生殖器区域。公猫的骨盆运动和射精非常迅速，通常发生在插入后的 20~30 秒内。

阴茎刺

未绝育的公猫阴茎头部布满了尖刺，这些尖刺在青春期发育成熟，去势后会退化。因此，这似乎与循环系统中的睾酮水平相关。据推测，它们在交配过程中有 3 种可能的功能。

- 为公猫提供额外的性刺激，促进骨盆运动的发生（Cooper，1972）。
- 作为一种"固着"机制来防止射精前的撤出。
- 为母猫提供额外的刺激来促进排卵（Aronson 和 Cooper，1967）。

食崽行为

杀掉另一族群雄狮所生幼崽，是公认的雄狮行为。尽管家猫中也会观察到类似的行为（MacDonald 等，1987；Pontier 和 Natoli，1999），但这种行为的普遍性以及此现象是否是异常行为的例子仍未可知。杀死母猫的幼崽会使母猫更快地再次发情。因此，交配成功率低的公猫可能会使用这种策略来增加交配机会。这或许能够解释为什么哺乳期母猫有时对公猫会表现出比正常情况下更具攻击性的行为，尤其是对未知的公猫，因为它们可能会对幼崽造成巨大的危险。

母猫的繁殖行为

未绝育的性成熟母猫在英文中被称作"queen"。母猫的青春期通常在6~9月龄，有些母猫的第一次发情可能早在4个月大的时候就会发生，其他一些母猫可能要到一岁的时候才会开始她们的生殖周期。青春期的年龄因猫的品种而异，并且出生季节也会影响她们的第一次繁殖周期。

季节性多发情

家猫是季节性繁殖动物，这意味着它们只在一年中某个特定时间段进入繁殖周期。母猫每年有多次发情期，通常在白昼变长的春天开始，在白昼变短的深秋至初冬时期结束。冬季时，日照时间减少，母猫通常会进入激素活跃水平降低的不发情期。

一些繁育者报告称，他们的母猫也会在冬季发情。并且，有研究表明，散养的家猫全年都有可能怀孕。不过冬季怀孕的次数确实明显少于春夏时期（Prescott，1973；Nutter 等，2004）。

诱导排卵

猫也是诱导排卵的动物。这意味着，家猫交配引起垂体释放促黄体生成激素，以刺激卵泡释放卵子。这种情况在人类和犬等其他哺乳动物中同样也会发生。

为了释放足够的促黄体生成激素，可能需要进行多次交配，一只散养的繁育母猫在24~48小时内可能会与数只公猫交配。Natoli 和 De Vito（1988）在他们的研究中观察到，散养的母猫与多达7只公猫交配，不过，与一只母猫交配的公猫数量也取决于当地性成熟的未绝育公猫的数量。另外，并不是所有公猫的交配尝试都会被接受，一些母猫只会允许自己选择的公猫和自己交配，可能是为了避免近亲繁殖（Ishida 等，2001）。

由于未发生交配行为或者交配行为不足以释放足够的促黄体生成激素，发情期间未能排卵，这个时候母猫就会进入发情间期，会有7~9天（最短2天，最长19天）的时间不再接受交配行为。之后，根据季节不同，母猫会回到发情期或者进入不发情期。

如果顺利排卵，母猫就会进入发情后期，通常表现为妊娠。但是，如果排卵未导致妊娠，发情后期则可能是假孕期，持续30~45天，之后再次进入发情期（表5.1）（Paape 等，1975；Verhage 等，1976）。

表 5.1　猫发情周期的阶段和相关行为特征

阶段	持续时间	激素和生理变化	行为特征
发情前期	1~2 天	含有卵子的卵泡在促黄体生成素（LH）和促卵泡激素（FSH）的影响下发育，引起卵泡分泌雌激素	无变化或表现出发情相关的行为 公猫对母猫表现出兴趣，但母猫不接受交配
发情期	2~19 天	血浆雌激素上升；雌性更易交配	发情呼叫：独特、持久且响亮的叫声 对物品的摩擦行为增加，以从面部腺体中沉积气味 尿液标记行为 翻滚和发出呼噜声 尾巴偏向一侧 前凸姿势：背部向下凸，后驱抬高 当雄性在场时，后三种行为更易出现
发情间期	2~17 天，平均 7~9 天，之后回到发情期	在发情期没有排卵从而发生的一段生殖不活跃的时期	回到正常行为，不再吸引雄性
发情后期——妊娠	妊娠期以品种而异，平均 65~67 天		行为上的个体差异——一些母猫变得更加温顺和亲人，也有繁育者报告偶尔会有激动、焦虑和攻击行为的增加

阶段	持续时间	激素和生理变化	行为特征
发情后期——假孕期	平均30~45天，之后回到发情期	排卵但未怀孕则会发生。孕酮水平升高，但是无法到达妊娠相同水平并且下降得更早	可能表现出早孕相关的行为特征，大多数没有或很少有身体和行为的变化
不发情期	可变，可以是数月	无繁殖周期，通常是冬季	回到正常行为，不再吸引雄性

交配行为

准备交配的雌性会采取一种称为前凸的姿势，即降低前部，抬高骨盆，将尾巴移向一边。雌性通过这个姿势向雄性传达她已经准备好交配的信号，并帮助雄性完成交配行为。交配后，雌性通常会发出尖锐的叫声，并且对雄性变得更具攻击性。然后，她会激烈地翻滚、伸展以及舔舐外生殖器。

妊娠行为

正常情况下，妊娠期因品种和个体不同，但一般持续64~68天，大约为9周。这比家猫的野生祖先非洲野猫的平均妊娠期短了数天。妊娠期间通常会出现身体和行为的变化（方格5.1）。

分娩行为

妊娠期母猫不会自己筑窝，但她会投入大量的时间和精力，寻找最合适最安全的地方进行分娩。她们通常会寻找一些封闭和隐蔽，并且靠近食物和水等基本资源的地方（Lawrence，1980）。一旦选择了分娩场所，母猫就会在周围摩擦以沉积气味。

临产的迹象

- 食欲下降（甚至在分娩前可能会拒绝所有食物）。
- 叫声增加。
- 喘息。
- 体温略有下降。

- 自身理毛行为增加，尤其是肛门生殖区域和乳头周围。新生小猫会使用嗅觉（气味）来帮助它们定位乳头，母猫的唾液可以提供额外的气味信息，有助于将幼猫吸引到正确的区域进食（Raihani 等，2009；Bradshaw 等，2012）。

方格 5.1　妊娠期变化

身体的变化

到妊娠期结束体重通常增加 1~3lbs（0.5~1.5kg）。

腹部胀大。

食欲增加。

呕吐，但不是所有妊娠中都会发生，如果呕吐频繁且持续，必须及时就医。

妊娠 3~4 周乳头肿胀变红，在英文中被称为 "pinking up"。在妊娠的最后一周，乳腺迅速胀大。

行为的变化

活动减少和灵活性降低，睡眠增加。

妊娠后期对其他动物和人类的行为可能发生改变，会变得更加温顺亲人，寻求更多的接触和关注，也可能表现为躁动不安或攻击性行为的增加。这些可能不是行为上的完全改变，也许只是其正常脾性和与其他个体关系的强化。

分娩（生仔，英文中也称为"queening"）

- 在分娩的第一阶段，母猫开始用嘴呼吸，变得越来越烦躁不安，并持续舔舐毛发。发出呼噜声也是非常常见的行为。这个阶段可能只持续几个小时，也可能持续 24h 或更长时间。

- 幼猫在分娩的第二阶段被排出，每只幼崽的出生间隔时间通常为 30~60min，最长可达 2h。

- 第三阶段为排出胎盘。排出胎盘一般发生在每只幼崽出生后，或与下一只幼崽一同排出。

- 每只幼崽出生后，母猫都会清理胎膜，用牙齿咬断脐带，通常她们会将脐带和胎盘吃掉，这不仅有助于保持窝内清洁，减少吸引捕食者的风险，还能为母猫提供营养来源。对于饲喂条件良好的母猫来说，吃掉胎盘不是必须的，但对于一只野猫或者流浪猫来说，这是至关重要的，因为在出生后的前几天，外出捕猎的机会是有限的。有时，没有经验或者没有繁育幼崽能力的母猫可能无法区分新生幼崽和胎盘，而杀死或吃掉幼崽（Baerends-van Roon 和 Baerends，1979，被 Deag 等，2000 引用）。

断奶前

幼猫出生后，母猫通常会躺在它们身边，将幼猫围在身体一侧，帮助它们取暖，让它们能接触到乳头，有时会为了适应幼猫而调整自己的姿势。母猫会一直保持这样的姿势，在分娩后的前 24 小时，频繁地给幼猫理毛或用鼻子和嘴摩擦幼猫。之后母猫也会表现出如半坐式的其他哺乳姿势。在这个阶段，母猫大约会花费 70% 的时间与幼猫在一起（Bradshaw 等，2012）。

在出生后的一周左右，母猫和幼崽需要尽可能避免被干扰。严重或频繁的干扰可能导致母猫遗弃或攻击幼猫。其他遗弃或杀死幼猫的原因如下。

- 母猫不成熟。母猫的怀孕年龄过小，其身体和行为都没有发育成熟，不足以完成育幼。
- 母猫身体不健康。身体不适或营养不良也会影响母猫的行为，使她无法进行哺乳。乳腺炎会让母猫给幼猫喂奶时变得非常痛苦。
- 幼猫有疾病或者畸形。母猫可能会遗弃那些不健康或者身体有残疾的幼猫。

正常情况下，母猫在断奶前至少会有一次将幼猫移动到新的猫窝（图 5.1）。为了解释这种行为，人们提出了一些假说，包括如果猫窝变脏或者感染寄生虫，母猫们需要寻找一个干净的地方（Corbett，1979；Deag 等，2000）。然而，Feldman（1993）却发现少有证据支持这一假说。其他一些假说如母猫移动幼崽

图 5.1　断奶前，正常情况下，母猫至少会有一次将幼猫移动到新的猫窝。

是为了避免其他猫科动物的干扰，尤其是未知的公猫，母猫也可能为了更多的猎物而移动幼崽（Fitzgerald 和 Karl，1986；Deag 等，2000）。移动幼崽也会帮助它们避免遇到潜在的猎食者（Bradshaw 等，2012）。

母性攻击行为

母猫在分娩期间和分娩后，对同类和其他动物，会变得更具攻击性，包括之前能容忍或看似友好的人类。母猫越是觉得她的幼猫可能受到威胁，其攻击行为就越有可能发生。因此，应该避免严重干扰母猫，或者过于频繁或不当地人工处理幼猫。

另外，建议避免再次用具有母性攻击行为表现的母猫进行繁育，因为这种行为会对后代幼猫的行为发育和福利产生不利影响。这种攻击性行为偶尔也会在断奶后持续发生，尤其是幼猫仍然和母猫一起生活的情况，不过一般会在断奶后有所减少。

断奶

当幼猫大约 3 周龄的时候，母猫开始断奶的过程。最初，母猫会将死去的猎物带给幼猫，供它们玩耍、猎杀，最终捕食猎物。之后，死去的猎物会慢慢变成仍然存活但是受伤或者筋疲力尽的猎物。一旦幼猫熟练掌握如何捕杀虚弱的猎物，母猫就会为它们提供活跃的未受伤的猎物（图 5.2）。

图 5.2　开始断奶时，母猫会将受伤或筋疲力尽的猎物带给猫窝里的幼猫，让它们学习和练习捕猎技能。

对于宠物猫来说，断奶过程经常被人为干涉，如果母猫是室内饲养的猫，就不会有这样的过程。在这种情况下，母猫可能会将玩具或其他物体带给幼猫，让它们玩耍，并练习它们的捕猎技能。

幼猫长大以后经常捕杀的猎物很可能和母猫一致（Caro，1980）。这可能与它们最初捕杀猎物的经历有关，而且，母猫在妊娠期间进食的食物也会影响幼猫的食物偏好，尤其当哺乳期时母猫继续进食同类食物的情况下（Becques 等，2009；Hepper 等，2012）。这可能是适者生存的一种体现，幼猫更倾向于进食已知的食物，这种食物往往代表着安全。因此，为了帮助幼猫适应食物，可以在第一次给它们提供与母猫妊娠期间进食的相同味道的食物。

断奶期间的挫败感

当幼猫逐渐成熟，母猫会逐渐远离幼猫，这是自然断奶的一部分。喂奶时，母猫常常在幼猫进食完毕之前起身，离开幼猫。这可能是因为幼猫渐渐长出牙齿，加上它们吸吮时力度和活力都有所增强，导致母猫哺乳时越来越不适。因此，幼猫常常会感到挫败感，促使它们寻找其他食物来源，从而有助于断奶。幼猫捕捉和猎杀母猫带到猫窝的猎物的初期尝试，也可能与其延迟满足和相关挫败感有关，如果幼猫在捕猎过程中花费太多的时间，母猫通常会自己杀死猎物。

这些早期经历是行为发展的重要组成部分，因为它们为幼猫提供了学习如何应对挫败感的机会。相反，人工饲养的情况下，尽责的饲养员会根据幼猫的营养需要或以固定的间隔不断喂食，并提供充足的奶源，这样幼猫几乎就不会感到沮丧。另外，用碗装干粮给幼猫也让它们不费吹灰之力就能得到食物。因此，人工饲养的幼猫在它们生命早期很少有挫败的经历，以致它们可能没有机会学习如何应对这种情绪，而这种情绪会导致日后发生攻击性行为等问题行为（Bowen 和 Heath，2005）。

幼猫的身体和行为发育

胎儿期（出生前）影响行为的因素

内在因素

自信或胆怯和总体上友善的性格特征至少有一部分是与生俱来的。McCune（1995）发现，自信公猫的后代相较而言，更容易接近、探查和接触新事物以及不熟悉的人。Turner 等（1986）在他们关于对熟知者的友善度的试验中也发现相似的结果。这两项试验中，公猫均未接触幼猫，证明这种影响仅是遗传性的。

产前应激

简而言之，应激是对生理、心理和情绪刺激的一种情绪与生理反应。应激反应是一项重要而必需的机能，因为它增加了避开和抵御危险的能力。但是应激引起的过量或长期的体内化学反应，尤其是"应激激素"的产生，会对健康和福利产生有害影响（详见第 6 章）。

产前应激是指母猫在妊娠期经历的压力，经证明对发育中的胎儿有生理和行为的影响（Weinstock，2008）。

表观遗传学：字面意思是"外遗传学"，表观遗传学与外部环境影响 DNA 的表达有关，而非 DNA 序列（Jensen，2013）。母猫在妊娠期产生的应激激素会透过胎盘引起发育中后代的表观遗传学变化，从而改变它们以后应对应激的方式。如果这些后代一生中遇到的压力水平和它们母亲妊娠期所经历的相符合，那么这对幼猫来说就是有利的，然而，如果不符合，那么它们就会有过度的应激反应，并且无法适应环境。这可能导致个体表现出情绪化的迹象，包括焦虑、恐惧和过度反应，继而增加攻击性和反社会行为（Simonson，1979；被 Bateson，2000 引用）。

母猫的营养状况：母猫营养不良是产前应激的一个原因，但也同样会有其他严重影响。Smith 和 Jansen（1977）（被 Bateson，2000 引用）发现，严重营养不良的母猫生下的幼猫如大脑发育缺陷，会导致运动和行为发育异常。进一步研究还发现，妊娠期间营养不良的母猫所生幼崽表现为更情绪化、学习能力下降、运动能力低下，并且更可能对其他猫具有攻击性（Simonson，1979；被 Bateson，2000 引用；Gallo 等，1980）。

出生后的身体发育

运动机能和感觉器官在出生时还远没有发育完全（图 5.3），但幼猫的触觉、热感应和嗅觉已经完全发育成熟，足以让它们在出生后的前两周控制其感官世界。新生幼猫有完备的疼痛感知能力，并且能够感知温度，会主动远离寒冷，趋近温暖（Raihani 等，2009；Bateson，2014）。这项能力对新生幼猫来说是至关重要的，因为它们在接下来的 3~4 周还无法调节自身的体温（Olmstead 等，1979；Bradshaw，1992；Lawler，2008）。

图5.3 家猫是一种新生幼崽无法独自存活,需要照顾的物种,这意味着它们的感官和运动机能在出生时还未发育成熟,它们完全依赖母亲获取食物、温暖和保护。

嗅觉

嗅觉在猫出生时就存在并发育良好,但直到3周龄才会完全成熟。然而,这足以让幼猫能够独自通过触摸和气味来定位母猫的乳头。猫在使用梨鼻器时表现出的"吃惊发愣的表情"或者说"裂唇嗅反应"(详见第2章),直到5周龄时才会出现,至少7周龄时才会发育完全。

听觉

尽管听觉器官在出生时已经相当发达,但新生幼猫的听力却非常有限,因为它们的耳道被皮肤的隆起阻塞。随着幼猫的成长和耳道的拓宽,这些隆起逐渐缩小,听力也渐渐提高。幼猫对声音的第一次反应通常在出生后5天左右出现,到16天左右,耳道已经足够宽,大多数幼猫都能够定位声音的来源。听力持续发育到3~4周时,大多数幼猫都能够辨别来自不同的猫的叫声,它们更倾向于接近来自母猫和同窝幼崽的熟悉友好的呼唤,同时对嘶吼以及其他威胁性猫叫表现出恐惧和试图远离,尤其是来自未知猫的叫声(Olmstead 和 Villablanca,1980;Bradshaw,1992)。

视觉

视觉发育需要的时间最长。睁眼的平均时间是出生后7~10天,最少2天,最长可达16天(Villablanca 和 Olmstead,1979,被 Martin 和 Bateson,1988引用)。睁眼时间的差异似乎有几种可能的影响因素。雌性通常比雄性更早睁眼,而接受更多抚摸的幼猫也比那些接受更少良好处理的幼猫更早睁眼。父系影响似乎也是一种因素(Bradshaw 等,2012)。环境光照水平和母猫的年龄等其他影响因素也非常重要，在光线减弱的环境下长大和更年轻的母猫所生的幼猫会更早睁开眼睛（Braastad 和 Heggelund，1984）。

视觉定向和跟随行为通常在 15~25 天发育成熟，避障行为则是在 25~35 天发育成熟。视觉通常在大约 5 周龄得到充分发育，但视力（视力清晰度）发育会一直持续到 10~16 周龄（Ikeda，1979；Sireteanu，1985；Martin 和 Bateson，1988）。

无论是远视还是近视，猫眼睛的静息状态似乎都取决于早期的视觉经历。室内饲养的猫更可能近视，而野猫和自由外出的家猫更可能远视（Hughes，1972）。

运动发育

新生幼猫并非完全不能活动，但在出生后 2 周内，它们的动作并不协调，只能用缓慢而无效的划桨步态前进。恢复正向姿势的能力——身体翻正反射在出生时就存在，并在 1 个月左右发育完全。

出生后 2 周内发展前肢协调，后肢协调在随后的 2 周进行发展。大多数幼猫在 10 日龄左右能够站立，在 2~3 周龄时就可以走路，只是仍有些许不协调。至少还会有 1 周左右的时间，它们不能做任何移动。大约 5 周龄时，幼猫可以进行短距离奔跑，到 6~7 周龄时，几乎可以自由活动，但是幼猫在接下来的数周都难以发育完成成猫所拥有的复杂的平衡能力（Martin 和 Bateson，1988；Bradshaw 等，2012）。

自行排泄的发育在 3~4 周，在此之前，母猫需要通过舔舐幼猫的肛门生殖区域来刺激排尿和排便。肛门生殖反射，即在外界刺激下排空膀胱和肠道的机能，会在 4~5 周龄时消失（Thor 等，1989）。

行为发展

幼猫从一出生就表现出学习能力。它们很快就发展出吮吸特定乳头的偏好，这可能是通过跟踪气味信息，在每次哺乳时都能找到相同的乳头（Raihani 等，2009）。然而，最大程度影响其日后行为的学习是从 2 周龄左右开始的，这时它们的感官发育使它们能够更了解周围的环境。此时，也意味着幼猫敏感期的开始。

敏感期

这是在动物生命中与外界的接触经历对日后行为影响最大的时期。对猫来说，这一时期在 2 周龄左右开始，此时幼猫对周围环境有足够的感知，并且其神经发育，可塑性增强，这提高了幼猫的学习能力（Knudsen，2004）。幼猫对学习的敏感性在 7 周龄左右开始下降，6~8 周龄时出现成猫一样的逃避和恐惧反应也可能与此有关（Kolb 和 Nonneman，1975）。

敏感期并不是学习的唯一阶段，但幼猫在此阶段的经历对其以后的行为有着最大的影响。这段时期最重要的两个学习过程是社会化和习惯化。

- **社会化**的过程中，幼年动物会发展社交依恋，并学会认识他人，与其他猫或者其他共同居住的不同物种成员进行适当的社交。
- **习惯化**是动物学会忽略非威胁性事物和刺激的过程。

在敏感期没有经历过与人充分而适当的社交，或没有对家庭噪声之类习惯的猫很可能无法成为家养宠物。

与猫、其他物种以及人的社会化

早期经历会影响幼猫成年后与其他猫的互动。与同物种社交有限的猫更可能对其他猫产生恐惧和潜在的攻击性，如果日后与其他猫生活在一起，可能就会有痛苦的表现。在敏感期与其他猫有过积极社交经历的猫通常在成年后与其他猫相处时压力较小，也更包容（Kessler 和 Turner，1999）。

在进入新家之前，幼猫大多已经度过敏感期，在敏感期间接触到的其他猫就只有母亲和同窝幼猫。研究表明，比起那些生活在同一家庭中的无亲缘家猫，亲密关系的存在更可能出现在共同生活的同窝猫中（Bradshaw 和 Hall, 1999）。然而，这是否是因为敏感期时的依恋关系发展，与亲缘关系本身无关，还是说有亲缘关系就会增加持续依恋的可能性，目前尚不明确。

试验者们已成功将幼猫与其他物种共同饲养并使其进行社交，包括通常被视为其猎物或者猎食者的动物。在将幼猫和大鼠共同饲养的试验中，幼猫成年后并没有将大鼠视为猎物，但它们仍然会攻击其他品系的大鼠（Kuo，1930）。在另一项试验中，将幼猫和幼犬共同饲养，幼猫 12 周龄时对幼犬没有表现出恐惧，并且与其愉快玩耍，其他没有接触经历的同龄幼猫则表现出恐惧、回避和防御行为（Fox，1969）。

Karsh 和 Turner（1988）发现幼猫在 7 周龄之前没有或很少被人触摸过，哪怕之后再尝试社交化，那它很可能也会对人产生恐惧。在 9 周龄之前加强触摸似乎能使其成长为更友善和不怕人的猫（Casey 和 Bradshaw，2008）。

触摸的时间非常重要，每天人为接触至少 30~40min 的幼猫，比每天只触摸 15 分钟的幼猫表现得更加自信和友善（详见第 8 章）。不过，McCune 等（1995）引用的 Bradshaw 和 Cook 记录的未公开数据显示，每天触摸 5 小时的幼猫与每天触摸不到 1 小时的幼猫在对人友好程度上并没有显著差异。

触摸幼猫的人数差异也会有不同影响。Karsh 和 Turner（1988）发现，至少被 4 个不同的人接触过的幼猫通常能与人很好地社交，而只被一个人触摸过的幼猫会对其表现出依恋，并对其表现出更多社交行为，但对其他没有触摸过它的人态度消极，即使是其他方面更为熟悉的人。为了使幼猫在人群中学会自信和放松，让它们被不同性别、年龄，甚至穿着和香味的人触摸也至关重要（Karsh 和 Turner，1988）。

触摸方式是影响社会化成功的另一因素。例如，在抚摸幼猫的同时对其说话有助于关系的发展（Moelk，1979），但应始终考虑到个体差异。对于一些幼猫来说，物体游戏可能是与人建立积极社交的更佳方式（Turner，1995）。

习惯化

当动物遇到新的事物或经历时，它们正常情况下会保持警惕，并表现出或准备表现出防御行为（如战斗或逃跑）。但对所有事物或大部分刺激做出防御反应，在身体、心理和情绪上都是疲惫不堪的。习惯化就是一个学习过程，动物在此过程中学会将普遍和无威胁性的刺激看作无关紧要的，因而没有必要关注或对其做出反应。

习惯化是通过反复给予无害的刺激（光线、声音、气味和经历）来实现的，其程度使动物可以轻松适应并学会忽略。只要最初的刺激是循序渐进的，而不是突然或意外的，动物也能学会习惯更高强度的刺激。如果最初给予的刺激强度过高，动物将不太可能习惯它，甚至变得更为敏感，表现出更多的恐惧和反应性。

例如，大多数家猫会忽略收音机和电视机的声音。这是因为在许多家庭中，收音机和电视机每天都要开上数小时，猫对其声音的最初体验更可能处在较低或中等水平，即使以后音量偶尔增加，猫也会认为这个声音是无关紧要的并继续忽略它。

相比之下，多数宠物会畏惧吸尘器，而且这种恐惧往往会增加而不是减少。换句话说，猫对其更加敏感了。这是因为猫对吸尘器的最初体验是突然的、意外的，并且大声的。

习惯化可以在猫一生中任何时间发生，但在敏感期更容易发生。

敏感期母猫和同窝猫的影响

母亲和兄弟姐妹的存在为幼猫提供了一个"安全堡垒"，使其能够探索和学习新的事物和经历，从而有助于社会化和习惯化。与母猫和同窝猫分离的幼猫会更加谨慎，不太愿意探索和学习（McCune 等，1995）。

幼猫通过观察，尤其是观察母猫来学习。Chesler（1969）发现，幼猫观察母猫按操控杆获取食物后也学会了此项技能，比起其他自行学习的猫拥有更快的速度，也比观察不熟悉母猫进行相同操作的幼猫更快。

通过观察母猫的反应进行社交学习也可以教会幼猫什么是潜在的威胁（Gray，1987）。如果母猫沉着冷静，与人社交良好，那么她的存在就可以促进良好的人类/幼猫关系（Karsh 和 Turner，1988）。如果母猫对人表现出畏惧和防御反应，而幼猫又处于学习最为敏感的时期，它们就更有可能对人类变得恐惧。

幼猫游戏行为

游戏行为也是身体和行为发展的重要部分。根据不同的游戏对象和涉及的行为模式，幼猫的游戏行为可被分为 3 种：社交游戏、物体游戏和运动游戏。

社交游戏

幼猫在 3 周龄左右开始与其他幼猫玩耍，到 12~16 周龄开始减少（表 5.2，图 5.4）（West，1974；Caro，1981）。社交游戏通常在同窝猫中进行，但也可以针对母猫，尤其是没有兄弟姐妹的单只猫。然而，有时这也会增加母猫对幼猫的攻击性，减少对其的照顾，可能是因为母猫不愿意与幼猫进行更为活跃的社交游戏（Mendl，1988）。

社交游戏可以粗略地被描述为"游戏打斗"，因为它似乎包含了减弱和缓和的争斗社交行为，并且随着幼猫的成长，游戏行为偶尔会升级为实际打斗（Voith，1980，被 Bateson，2000 引用）。社交游戏中通常伴随的视觉信息，例如，嘴巴半张的行为，可能是在告诉对方，自身行为的目的是游戏而不是攻击（Bradshaw 等，2012）。

Guyot 等（1980）发现，没有同窝猫一起长大的幼猫，可能会更具攻击性，学习社交技能的速度也会更慢，这表明，与同窝猫的社交游戏是行为和社会关系发展的重要组成部分。

表 5.2　幼猫的社交游戏行为信号

游戏信号	可见日龄	描述
腹部朝上（图 5.4a）	21~23 日龄	幼猫仰面躺着，用四肢去抓站在它身上的另一只幼猫，或和它"打架"
站立（图 5.4a）	23~26 日龄	站在另一只幼猫上方，抓另一只幼猫，或者对它的头或脖子轻咬
侧步（图 5.4b）	32~34 日龄	侧身行走，背部拱起，尾巴向上弯曲，通常注意力集中在另一只幼猫上
突袭（图 5.4c）	33~35 日龄	一开始蹲下，然后突然扑向另一只幼猫。开始一场游戏时常用到
追逐（图 5.4c）	38~41 日龄	追赶或逃离另一只幼猫
横跳	41~46 日龄	侧对另一只幼猫，背部拱起，尾巴向上弯曲，跳起
对峙（图 5.4d）	42~48 日龄	坐着对另一只幼猫拍打挥爪

注：来自 West，1974。

图 5.4　社交游戏。（a）腹部朝上和站立；（b）侧步；（c）突袭和追逐；（d）对峙。

物体游戏

与小的无生命物体玩耍的行为称为"物体游戏"，这种行为开始得比社交游戏晚，因为幼猫必须发展出足够的爪眼协调能力，使它们能够控制小型物体（方格 5.2）（Bateson，2000）。部分物体游戏似乎是探索行为的实践，部分是捕猎行为的实践。但物体游戏似乎并不是发展捕猎所需基本技能的必要条件（Martin 和 Bateson，1988）。Caro（1980）发现，没有或只有非常有限的机会与小型无生命物体玩耍的幼猫，在 6 个月大时表现出的捕猎行为，同参与各种形式玩耍的幼猫没有区别。

方格 5.2　幼猫的物体游戏

击打 / 拍打： 幼猫用前爪从上方或侧面拍打或击打物体。

捞取： 幼猫用弯曲的前爪伸到物体下方捞取，用爪子抓取物体。

抛物： 幼猫用头和前肢的摇晃来抛投嘴中或爪子抓住的物体。

追逐： 幼猫追逐移动物体，或刚拍走和抛走的物体。

衔抓： 幼猫用嘴衔住物体，或将物体抓在两只前爪中间。

咬 / 用嘴触碰： 幼猫咬物体或用嘴触碰物体。

（改编自 Bradshaw 等，2012）

运动游戏

运动游戏是一种玩乐性质的运动或探索行为，不涉及其他个体或对无生命物体的控制。

Martin 和 Bateson（1985）对 7 窝幼猫进行了一项研究，研究发现，给幼猫提供木质攀爬架，幼猫 7 周龄之前的攀爬和探索的时间很短，而且仅限于攀爬架较低的隔板。甚至在超过 8 周大时，一些猫仍然没有冒险去更高的地方。对于那些攀爬的幼猫来说，偶尔失去平衡甚至坠落并没有对它们造成威慑，它们通常会直接再次攀爬，这表明了这种行为的高回报价值。

母猫的行为似乎也会影响幼猫的攀爬行为，在攀爬架上玩耍最多的母猫，所生幼猫更敢于冒险。Guyot 等（1980）还发现，没有亲生母猫抚养的幼猫，在有坡道和攀爬架时，更可能不愿意攀爬。

成年猫的游戏行为

游戏行为不仅仅局限于幼年时期。虽然成年猫游戏行为不如幼猫多，但玩玩具是成年猫必要环境丰容的重要部分。

　　社交游戏也经常持续到成年期，这是同一社会群体的猫之间的正常行为。但在成年期，一些游戏互动可能会发展成实际的对打（Bradshaw，1992）。如果2只猫兴奋程度过高，或存在竞争因素，就会发生这种情况。另一个常见的问题可能是主人对猫行为的误解，有时主人会将玩耍误认为打斗，或将打斗误认为玩耍。

参考文献

Aronson, L.R. and Cooper, M.L. (1967) Penile spines of the domestic cat: their endocrine-behavior relations. *The Anatomical Record* 157(1), 71–78.

Baerends-van Roon, J.M. and Baerends, G.P. (1979) *The Morphogenesis of the Behaviour of the Domestic Cat.* Cited in: Deag, J.M., Manning, A. and Lawrence, C.E. (2000) Factors influencing the mother-kitten relationship. In: Turner, D.C. and Bateson, P. (eds) *The Domestic Cat: The Biology of its Behaviour*, 2nd edn. Cambridge University Press, Cambridge, UK, pp. 23–45.

Bateson, P. (2000) Behavioural development in the cat. In: Turner, D.C. and Bateson, P. (eds) *The Domestic Cat: The Biology of its Behaviour*, 2nd edn. Cambridge University Press, Cambridge, UK, pp. 9–22.

Bateson, P. (2014) Behavioural development in the cat. In: Turner, D.C. and Bateson, P. (eds) *The Domestic Cat: The Biology of its Behaviour*, 3rd edn. Cambridge University Press, Cambridge, UK, pp. 11–26.

Becques, A., Larose, C., Gouat, P. and Serra, J. (2009) Effects of pre- and post-natal olfacto-gustatory experience at birth and dietary selection at weaning in kittens. *Chemical Senses* 35, 41–45. DOI: 10.1093/chemse/bjp080.

Bowen, J. and Heath, S. (2005) *Behaviour Problems in Small Animals: Practical Advice for the Veterinary Team.* Saunders, Elsevier, London.

Braastad, B.O. and Heggelund, P. (1984) Eye-opening in kittens: effects of light and some biological factors. *Developmental Psychobiology* 17, 675–681.

Bradshaw, J.W.S. (1992) *The Behaviour of the Domestic Cat.* CAB International, Wallingford, UK. Bradshaw, J.W.S. and Hall, S.L. (1999) Affiliative behaviour of related and unrelated pairs of cats in catteries: a preliminary *report. Applied Animal Behaviour Science* 63(3), 251–255.

Bradshaw, J.W.S., Casey, R.A. and Brown, S.L. (2012) *The Behaviour of the Domestic Cat*, 2nd edn. CAB International, Wallingford, UK.

Caro, T.M. (1980) Effects of the mother, object play, and adult experience on predation in cats. *Behavioral and Neural Biology* 29, 29–51.

Caro, T.M. (1981) Sex differences in the termination of social play in cats. *Animal Behaviour* 29, 271–279.

Casey, R.C. and Bradshaw, J.W.S. (2008) The effects of additional socialisation for kittens in a rescue centre on their behaviour and suitability as a pet. *Applied Animal Behaviour Science* 114, 196–205.

Chesler, P. (1969) Maternal influence in learning by observation in kittens. *Science* 166, 901–903.

Cooper, K.K. (1972) Cutaneous mechanoreceptors of the glans penis of the cat. *Physiology & Behavior* 8, 793–796.

Corbett, L.K. (1979) Feeding ecology and social organisation of wildcats (*Felis silvestris*) and domestic cats (*Felis catus*) in Scotland. PhD thesis, University of Aberdeen, UK.

Dards, J.L. (1983) The behaviour of dockyard cats: interactions of adult males. *Applied Animal Ethology* 10, 133–153.

Deag, J.M., Manning, A. and Lawrence, C.E. (2000) Factors influencing the motherkitten relationship. In: Turner, D.C. and Bateson, P. (eds) *The Domestic Cat: The Biology of its Behaviour*, 2nd edn. Cambridge University Press, Cambridge, UK, pp. 23–45.

Feldman, H.N. (1993) Maternal care and differences in the use of nests in the domestic cat. *Animal Behaviour* 45, 13–23.

Fitzgerald, B.M. and Karl, B.J. (1986) Home range of feral house cats (Felis catus L.) in forest of the Orongorongo Valley, Wellington, New Zealand. *New Zealand Journal of Ecology* 9, 71–82.

Fox, M.W. (1969) Behavioral effects of rearing dogs with cats during the 'critical period of socialization'. *Behaviour* 35, 273–280.

Gallo, P.V., Wefboff, J. and Knox, K. (1980) Protein restriction during gestation and lactation: development of attachment behaviour in cats. *Behavioral and Neural Biology* 29, 216–223.

Gray, J.A. (1987) *The Psychology of Fear and Stress*, 2nd edn. Cambridge University Press, Cambridge, UK.

Guyot, G.W., Bennett, T.L. and Cross, H.A. (1980) The effects of social isolation on the behaviour of juvenile domestic cats. *Developmental Psychobiology* 13, 317–329.

Hendriks, W.H., Moughan, P.J., Tarttelin, M.F. and Woolhouse, A.D. (1995) Felinine: a urinary amino acid of Felidae. *Comparative Biochemistry and Physiology Part B:*

Biochemistry and Molecular Biology 112, 581–588.

Hepper, P.G., Wells, D.L., Millsopp, S., Kraehenbuehl, K., Lyn, S.A. and Mauroux, O. (2012) Prenatal and early sucking influences on dietary preferences in newborn, weaning and young adult cats. *Chemical Senses* 37(8), 755–766.

Hughes, A. (1972) Vergence in the cat. *Vision Research* 12, 1961–1994.

Ikeda, H. (1979) Physiological basis of visual acuity and its development in kittens. *Child Care, Health and Development* 5, 375–383.

Ishida, Y., Yahara, T., Kasuya, E. and Yamane, A. (2001) Female control of paternity during copulation: inbreeding avoidance in feral cats. *Behaviour* 138, 235–250.

Jensen, P. (2013) Transgenerational epigenetic effects on animal behaviour. *Progress in Biophysics and Molecular Biology* 113, 447–454.

Karsh, E.B. and Turner, D.C. (1988) The human–cat relationship. In: Turner, D.C. and Bateson, P. (eds) *The Domestic Cat: The Biology of its Behaviour*, 1st edn. Cambridge University Press, Cambridge, UK.

Kessler, M.R. and Turner, D.C. (1999) Socialization and stress in cats (*Felis silvestris catus*) housed singly and in groups in animal shelters. *Animal Welfare* 8, 15–26.

Knudsen, E.I. (2004) Sensitive periods in the development of the brain and behaviour. *Journal of Cognitive Neuroscience* 16, 1412–1425.

Kolb, B. and Nonneman, A.J. (1975) The development of social responsiveness in kittens. *Animal Behaviour* 23, 368–374.

Kuo, Z.Y. (1930) The genesis of the cat's response to the rat. *Journal of Comparative Psychology* 11, 1–35.

Lawler, D.F. (2008) Neonatal and paediatric care of the puppy and kitten. *Theriogenology* 70, 384–392.

Lawrence, C.E. (1980) Individual differences in the mother–kitten relationship in the domestic cat (*Felis catus*). Doctoral dissertation, University of Edinburgh, Edinburgh, UK.

Macdonald, D.W., Apps, P.J., Carr, G.M. and Kerby, G. (1987) Social dynamics, nursing coalitions and infanticide among farm cats, *Felis catus*. *Ethology* 28, 66.

Martin, P. and Bateson, P. (1985) The ontogeny of locomotor play behaviour in the domestic cat. *Animal Behaviour* 33, 502–510.

Martin, P. and Bateson, P. (1988) Behavioural development in the cat. In: Turner, D.C. and Bateson, P. (eds) *The Domestic Cat: The Biology of its Behaviour*. Cambridge University Press, Cambridge, UK, pp. 9–22.

McCune, S. (1995) The impact of paternity and early socialization on the development of cats' behaviour to people and novel objects. *Applied Animal Science* 45, 109–124.

McCune, S., McPherson, J.A. and Bradshaw, J.W.S. (1995) Avoiding problems: the importance of socialisation. In: Robinson, I. (ed.) *The Waltham Book of Human-Animal Interaction: Benefits and Responsibilities of Pet Ownership*, Waltham Centre for Pet Nutrition, Elsevier, London, pp. 71–86.

Mendl, M. (1988) The effects of litter-size variation on the development of play behaviour in the domestic cat: litters of one and two. *Animal Behaviour* 36, 20–34.

Miyazaki, M., Yamashita, T., Suzuki, Y., Saito, Y., Soeta, S., Taira, H. and Suzuki, A. (2006) A major urinary protein of the domestic cat regulates the production of felinine, a putative pheromone precursor. *Chemical Biology* 13, 1071–1079.

Moelk, M. (1979) The development of friendly approach behaviour in the cat: a study of kitten- mother relations and the cognitive development of the kitten from birth to 8 weeks. *Advances in the Study of Behaviour* 10, 163–224.

Natoli, E. and De Vito, E. (1988) The mating systems of feral cats living in a group. In: Turner, D.C. and Bateson, P. (eds) *The Domestic Cat: The Biology of its Behaviour*. Cambridge University Press, Cambridge, UK.

Nutter, F.B., Levine, J. and Stoskopf, M.K. (2004) Reproductive capacity of free-roaming domestic cats and kitten survival rate. *Journal of the American Veterinary Medical Association* 225, 1399–1402.

Olmstead, C.E. and Villablanca, J.R. (1980) Development of behavioral audition in the kitten. *Physiology and Behaviour* 24, 705–712.

Olmstead, C.E., Villablanca, J.R., Torbiner, M. and Rhodes, D. (1979) Development of ther- moregulation in the kitten. *Physiology & Behaviour* 23, 489–495.

Paape, S.R., Shille, V.M., Seto, H. and Stabelfeldt, G.H. (1975) Luteal activity in the pseudo- pregnant cat. *Biology of Reproduction* 13, 470–474.

Pontier, D. and Natoli, E. (1999) Infanticide in rural male cats (*Felis catus L.*) as a reproduc- tive mating tactic. *Aggressive Behavior* 25, 445–449.

Prescott, C.W. (1973) Reproduction patterns in the domestic cat. *Australian Veterinary Journal* 49, 126–129.

Raihani, G., Gonzáles, D., Arteaga, L. and Hudson, R. (2009) Olfactory guidance of nipple attachment in kittens of the domestic cat: inborn and learned responses. *Developmental Psychobiology* 51(8), 662–671.

Shimizu, M. (2001) Vocalizations of feral cats: sexual differences in the breeding season. *Mammal Study* 26, 85–92.

Simonson, M. (1979) Effects of maternal malnourishment, development, and behaviour in successive generations in the rat and cat. *Malnutrition, Environment and Behavior*. Cornell University Press, Ithaca, New York, pp. 133–160. Cited in: Bateson, P. (2000) Behavioural development in the cat. In: Turner, D.C. and Bateson, P. (eds) *The Domestic Cat: The Biology of its Behaviour*, 2nd edn. Cambridge University Press, Cambridge, UK, pp. 9–22.

Sireteanu, R. (1985) The development of visual acuity in very young kittens. A study with forced-choice preferential looking. *Vision Resolution* 25, 781–788.

Smith, B.A. and Jansen, G.R. (1977) Maternal undernutrition in the feline: brain composition of offspring. *Nutrition Reports International*. Cited in: Bateson, P. (2000) Behavioural develop- ment in the cat. In: Turner, D.C. and Bateson, P. (eds) *The Domestic Cat: The Biology of its Behaviour*, 2nd edn. Cambridge University Press, Cambridge, UK, pp. 9–22.

Thor, K.B., Blais, D.P. and de Groat, W.C. (1989) Behavioral analysis of the postnatal devel- opment of micturition in kittens. *Developmental Brain Research* 46, 137–144.

Turner, D.C. (1995) The human–cat relationship. In: Robinson, I. (ed.) *The Waltham Book of Human-Animal Interaction: Benefits and Responsibilities of Pet Ownership*. Waltham Centre for Pet Nutrition, Elsevier, London, pp. 87–97.

Turner, D.C., Feaver, J., Mendl, M. and Bateson, P. (1986) Variations in domestic cat behav- iour towards humans: a paternal effect. *Animal Behaviour* 34, 1890–1892.

Verhage, H.G., Beamer, N.B. and Beamer, R.M. (1976) Plasma levels of estradiol and pro- gesterone in the cat during polyestrus, pregnancy and pseudopregnancy. *Biology of Reproduction* 14, 579–585.

Villablanca, J.R. and Olmstead, C.E. (1979) Neurological development in kittens. *Developmental Psychobiology* 12, 101–127. Cited in: Martin, P. and Bateson, P. (1988) Behavioural development in the cat. In: Turner, D.C. and Bateson, P. (eds) *The Domestic Cat: The Biology of its Behaviour*, Cambridge University Press, Cambridge, UK, pp. 9–22.

Voith, V.L. (1980) Social play in the domestic cat. *American Zoologist* 14, 427–436. Cited in: Bateson, P. (2000) Behavioural development in the cat. In: Turner, D.C. and Bateson, P. (eds) *The Domestic Cat: The Biology of its Behaviour*, 2nd edn. Cambridge University Press, Cambridge, UK, pp. 9–22.

Weinstock, M. (2008) The long-term behavioural consequences of prenatal stress. *Neuroscience and Biobehavioral Reviews* 32, 1073–1086.

West, M.J. (1974) Social play in the domestic cat. *American Zoologist* 14, 427–436.

6 健康与行为

生理福利和心理福利有着非常密切的联系。

- 行为的改变可能表明动物的不适。
- 疼痛、不适和疾病会对情绪健康造成负面影响。
- 情绪或心理上的痛苦会导致、触发或加重身体疾病和加剧疼痛。

疼痛

疼痛既是一种感官体验，也是一种情绪体验。疼痛的主要功能是提醒个体实际存在或潜在的组织损伤。但也负面影响情绪和增加应激，对动物福利产生有害影响。这不仅是由于产生了不愉快的经历，疼痛本身也能通过以下方式限制和破坏猫的行为应对策略。

- 降低逃避现实和感知威胁的能力。
- 降低找到舒适且安全的休息区域的能力。
- 降低防御和维护领地的能力。

意识到猫的疼痛并不容易，它们天生就非常能够忍受疼痛，很少表现出明显的疼痛迹象。这也是一种生存策略，因为暴露疼痛或残疾可能会使个体更易成为猎食者和敌人的目标。

退行性关节炎，包括骨关节炎，是老年猫最常见的疼痛原因之一。它通常同时影响猫的双侧，所以猫不太容易表现出"跛行"，这就使得这种疼痛很难被发现，尽管猫的步态可能会有其他方面的变化（Hardie 等，2002；Lascelles 等，2010）。

与疼痛相关的行为信号

疼痛具有高度的主观性，影响因个体而异。以下迹象都可能表明猫正处于疼痛中，但没有任何迹象是证明疼痛的必要条件。其他因素如恐惧、应激和猫做出行为的动机强度也应该考虑在内，这些因素也会对个体的行为和疼痛反应产生重大的影响。

活动减少

处于疼痛中的猫可能会花更多时间睡觉，花在探索、捕猎和玩耍上的时间会减少。而可以自由进出的猫会减少外出时间。这可能是由于身体原因难以穿过猫门或打开的窗户，或因为恐惧感增加，且无法躲避外界可能遇到的潜在威胁，如狗、野生猎食者和敌对猫。

行动不便

疼痛会使猫更难跳到家具或其他高层空间上，导致猫跳跃时更加犹豫不决，或将偏爱的休息区域和藏匿地点换到更易到达的地方。疼痛可能也会导致猫避免或减少使用阶梯。

家庭训练问题

家猫外出困难，或因为潜在威胁不愿意出门，则会更倾向于在室内排便。

进出一个高边沿的猫砂盆、埋猫砂或在凹凸不平的猫砂表面行走也会变得更加艰难，尤其对于各种形式的肌肉骨骼疼痛的猫来说。

另一个需要注意的因素是排泄过程（排便或排尿）中经历的疼痛，因为猫可能会将疼痛与排泄的地点、接触面和内容物相关联。猫可能会变得对猫砂盆厌恶，导致避开使用猫砂盆以及乱排泄。

理毛行为的变化

理毛行为和其他护理行为如抓挠，可以帮助猫护理猫爪。疼痛和不适会减少这些行为，导致指甲变长变脆、皮毛状况不佳。然而，可能会发生过度理毛，尤其是针对一个特定区域，这也是该区域或周围正经历疼痛和不适的信号。

性格变化

疼痛会增加易怒性，显著降低攻击阈值，特别是触摸会引起疼痛，以及猫在被触摸或将要被触摸时预感到疼痛（图6.1）。处于疼痛中的猫对人和其他家养宠物的耐受性通常会降低，可能更倾向于躲藏和撤退到远离家庭成员的区域，来避免互动。

图 6.1 如果触摸会引起猫疼痛，以及猫在被触摸或将要被触摸时预感到疼痛，它可能会变得更有攻击性。

疾病

疾病是身体某一部位、器官或系统的各种紊乱或异常状态。疾病可能有很多原因，包括炎症、感染（细菌、病毒、真菌或寄生虫）、创伤、毒素或仅仅只是简单的"磨损"。猫科动物疾病的数量是非常多的，其中许多可导致行为改变。疾病通过影响大脑和神经系统，或引起其他生理变化，直接和间接地影响动物的行为。

直接影响中枢神经系统的疾病可引起癫痫、震颤、定向障碍、不协调、转圈/徘徊和无法解释的恐惧、焦虑或攻击行为等异常情绪变化的症状。

与前面描述的疼痛或不适相关的行为变化一样，可能间接影响行为的疾病生理反应包括如下内容。

● 排尿或排便的频率以及急迫性增加，可能导致室内随地排泄问题。

● 食欲增加，可能导致与其他猫或其他家庭宠物的竞争和冲突加剧。

● 瘙痒导致过度理毛和易怒。

● 身体不适和"感觉不适"，可能导致易怒和焦虑。

老年猫

随着年龄的增长，猫变得更虚弱，感官能力下降以及总体健康状况不佳，加上免疫功能下降，使它们变得更易感染。甲状腺机能亢进、肾功能衰竭和退行性关节病等疾病的患病率也随着年龄的增长而增加，所有这些都会增加焦虑、易怒，通常也会降低猫的整体应对能力（见下一节关于应激的内容）。因此，与疼痛、不适和疾病相关的行为问题更可能出现在老年猫身上。

认知功能障碍综合征（CDS）也可发生在老年猫身上（方格 6.1），并可导致认知能力下降和相关行为的剧烈减少。

　　　　　　　　　　　　　　　　　　　　　　　　　　　　猫应用行为学

认知功能障碍综合征（CDS）是一种与年龄相关的疾病，类似于人类的老年痴呆症，可影响 10 岁及以上的猫。研究表明，患猫的大脑病理变化包括脑萎缩和神经元的损伤。

与 CDS 相关的行为体征：

空间定向障碍——在猫熟悉的地方被困住或迷路。找不到食盆和猫砂盆。

混乱。

焦虑。

漫无目地游荡和踱步。

对刺激的觉察和反应减弱。

睡眠和活动模式的改变——患有这种疾病的猫在晚上可能会更加烦躁，叫声增多。

增加发声或奇怪的叫声。

与主人和其他宠物的社会关系发生变化，例如，寻求关注或非特征性攻击行为增加。

随地排泄。

（Gunn-Moore 等，2007；Landsberg 等，2010.）

应激

应激是对生理、心理或情绪刺激的反应。压力源是引起应激的事件、环境或刺激。以下是两种类型的应激（Selye，1974，被 McGowen 等，2006 引用）。

- **正应激**（"积极压力"）是指刺激在个体的能力范围内可以得以应对，结果可能有利于个体的健康状况。
- **负应激**（"消极压力"）是指刺激超出了个体的应对能力范围，最终会损害个体的身体健康。

然而，最近有人提出，"应激"一词应仅指"负应激"，或更具体地指个体无法应对的环境挑战，尤其是无法预测或控制的情况（Koolhaas 等，2011）。

生理应激反应

当动物察觉到环境的潜在威胁和挑战时，两个生理系统被激活。

交感－肾上腺髓质轴（SAM 轴）

这涉及自主神经系统，它是外周神经系统的一部分，负责调节不受意识控制的身体功能，如呼吸、心跳和消化。它由两部分组成：交感神经和副交感神经。在正常情况下，这两个系统一起工作，以维持一个稳定状态，但在应激反应中交感神经活动增加，副交感神经活动减少。这通过以下过程进行。

- 通过感官接收到的信息被发送到杏仁核——位于大脑边缘系统内的一组神经元。
- 察觉到潜在的威胁或挑战，杏仁核会向下丘脑发出信息，而下丘脑又向肾上腺发出信号，肾上腺是位于肾脏正上方的两个小内分泌腺。
- 被称为儿茶酚胺的化学物质，主要是肾上腺素（epinephrine）和去甲肾上腺素（norepinephrine），从肾上腺髓质（肾上腺的中心）释放到血液中。
- 肾上腺素和去甲肾上腺素的作用是通过激活以下生理效应使动物为"战斗或逃跑"做好准备。
  - 增加心率和升高血压，增加流向肌肉的血流量。
  - 缩窄一些血管以减少流向非必需器官的血流量。
  - 加宽空气通道以增加氧气的摄入。
  - 促进糖原水解为葡萄糖以增加能量供给。

下丘脑 – 垂体 – 肾上腺轴（HPA 轴）

- 当潜在威胁的信号到达下丘脑时，它也会释放促肾上腺皮质激素释放激素（CRH）。
- CRH 作用于垂体，促进促肾上腺皮质激素（ACTH）的合成和释放。
- 促肾上腺皮质激素被运送到肾上腺，刺激糖皮质激素（glucocorticoids，也称为 glucocorticosteriods）从肾上腺皮质（肾上腺的外部）释放到血液中。
- 糖皮质激素在碳水化合物、蛋白质和脂肪的代谢产生能量方面发挥着重要作用，尽管它们在应激反应中也可能有其他尚未完全了解的作用（Sapolsky 等，2000）。
- 一旦糖皮质激素在血液中达到最佳水平，就会以"负反馈调节"的形式传回下丘脑，抑制 CRH 的产生，并终止 SAM 和 HPA 轴。
- 然而，慢性应激会破坏这种负反馈调节，导致糖皮质激素的持续释放（Mizoguchi 等，2003）。

应激反应起着重要作用，它增加了个体逃避或防御实际或潜在危险的能力。但是，如果应激持续存在或在很长一段时间内频繁重复，情绪和生理会变化，特别是应激激素的持续释放，可能会直接损害健康和福利。

应激对家猫福利的影响

动物的福利可以通过以下因素来衡量。

- 身体健康。
- 表达正常或"自然"行为的能力和机会。
- 心理和情绪健康（Casey 和 Bradshaw，2007）。

应激会严重损害宠物猫的福利，因为它会对所有这些因素产生负面影响。

应激对身体健康的影响

泌尿系统

猫自发性膀胱炎

应激与猫自发性膀胱炎（FIC）的联系可能是最广为人知和公认的。

猫下尿路疾病（FLUTD）一词用于描述膀胱和尿道的各种疾病，是猫常见和潜在的严重健康问题。FLUTD 的症状可包括以下部分或全部。

- 排尿困难：猫可能会用力排尿，但只产生很少尿液或没有尿液。
- 排尿时疼痛：猫在试图排尿时可能会大叫。
- 排尿或试图排尿的次数增加。
- 尿中有血。
- 在不合适的地方排尿，且经常在多个地方排尿。可能是由于不适导致"紧急"排尿，但也可能是猫将疼痛和试图排尿的位置相关联。
- 过度舔阴茎或外阴。
- 过度理毛，尤指小腹和会阴（Bowen 和 Heath，2005；Griffiths，2016）。

猫下尿路疾病包括以下 5 个原因。

- 尿路结石：膀胱结石或尿道结石。
- 尿液晶体。
- 创伤。
- 细菌感染。
- 肿瘤（Neoplasia 或 Tumour）。

大多数猫下尿路疾病病例（超过 50%）被发现是自发性的，这意味着尽管病猫表现出膀胱炎（bladder inflammation 或 cystitis）的迹象，如尿中有血、不适症状和相关的行为改变，但无法确定潜在的身体原因（Buffington 等，1997；

Gerber 等，2005）。

虽然猫自发性膀胱炎的主要病因尚不清楚，但越来越多的证据表明应激是一个主要的促成因素。临床症状在应激期间或应激后不久更常见（Jones 等，1997；Cameron 等，2004）。病猫也可能表现出如下其他与应激有关的行为体征和身体障碍。

- 室内喷尿。
- 心血管异常。
- 胃肠道症状。
- 皮肤病症状。
- 夸张的听觉惊吓反应（意味着猫更容易做出害怕声音的反应）（Buffington 等，2006；Stella 等，2011；Sparkes 等，2016）。

一些猫似乎易患这种疾病，且可能是慢性病，或者经常反复发作，通常在几天内就能自愈（Gunn-Moore，2003）。这会增加疾病诊断的难度，当兽医检查猫时，它可能不再显示临床症状。

经历早期生活压力，包括产前应激（详见第 5 章），可能对该综合征的发展有特别的影响（Buffington，2011；Buffington 等，2014）。

免疫系统

众所周知，长期的糖皮质激素和儿茶酚胺的产生会干扰和抑制机体的免疫系统。与压力相关的其他鲜为人知的机制也可能参与其中（Padgett 和 Glaser，2003）。受到早期生活应激源的影响，如与母猫分离或出生前接触母体应激激素（详见第 5 章），也已被证明对个体的终生抗病能力有负面影响（Avitsur 等，2006；Mills，2016）。因此，应激可能是许多家猫感染发展或传播的一个因素。在某些疾病中，长期的应激绝对是一个问题。

猫传染性腹膜炎

猫冠状病毒（FCoV）是引起猫传染性腹膜炎（FIP）的传染源。这在家猫群体中很常见，但并不是所有 FCoV 检测阳性的猫都会发展成 FIP。大多数猫都将保持健康或只发展成轻度肠炎。应激已被证明是接触冠状病毒猫出现传染性腹膜炎的主要诱发因素（Addie 等，2009）。

猫疱疹病毒

猫疱疹病毒（FHV & FeHV-1）是引起上呼吸道和眼部疾病的主要原因。应激可能会使以前患过该病的猫重新出现症状，或使它们成为潜在的感染携带者，在应激期间或之后对其他猫来说是健康风险（Gaskell 等，2007）。

上呼吸道感染

与猫疱疹病毒一样，其他疾病包括猫杯状病毒（FCV）、衣原体、波氏杆菌和支原体也被确定为猫上呼吸道感染的原因（Bannasch 和 Foley，2005）。Tanaka 等（2012）发现，与那些暴露在压力较小的环境中的猫相比，住进救援收容所的猫更容易表现出高水平的应激，并且罹患上呼吸道感染的概率提高5 倍。

皮肤病

心因性脱毛（应激相关的过度理毛)

短时间的自我理毛是一种对突然的轻度到中度应激的正常情绪迁移反应（Van den Bos，1998）。但过度理毛导致毛发变稀或斑秃可能是对严重长期应激源的行为反应。这通常被称为"精神性脱毛"，但不能被视为"真正的脱毛"，因为这种脱发不是毛发脱落，而是被猫从身体里拔出或在根部附近被咬断。

猫有时会非常私密地进行过度理毛，所以偶尔的观察可能无法发现这种行为。判断毛发稀疏或斑秃是否是由于过度理毛或脱发所致，一种方法是依据该区域皮肤的触感。如果毛发自然脱落，皮肤摸起来会很光滑。然而，在过度理毛的情况下，该区域更易感到粗糙和像存在"胡茬"一样，因为此处的毛发被从接近根部处咬断并重新长出（Bowen 和 Heath，2005）。

过度理毛可能发生在猫用舌头能触碰到的所有身体部位，容易触到的地方更常见，如侧面或腹部。猫也可能会强迫性地撕咬它的脚和爪子。过度理毛的另一个症状是经常性地吐毛球，在某些情况下，这可能是唯一明显的症状，因为如果不仔细检查，毛发的减少可能不足以被直观地看到。

应激并不是过度理毛的唯一原因，在大多数情况下，主要原因是医学上的，而不是行为学上的（Waisglass 等，2006）。应激可能会加剧最初由身体原因引发的理毛行为，但纯粹是行为上的过度理毛很少见（Hobi 等，2011）。因此，在将问题归因于应激之前，应进行包括皮肤病检查在内的兽医临床检查。

过度理毛的医学原因包括如下几方面。

- 引起瘙痒或不适的病理性皮肤病（感染性、过敏性或寄生性皮炎）。
- 内部疼痛或不适，如猫下尿路疾病引起的疼痛或不适（图 6.2）（Bowen 和 Heath，2005；Griffiths，2016）。
- 神经系统状况。

图 6.2 　在大多数情况下，过度理毛的主要原因是医学上的，但应激可能会加剧或保持这种行为。腹部的过度理毛可能表示内部不适，例如，由下尿路感染引起的不适。照片由 Celia Haddon 提供。

病理性皮肤病

人类和犬的研究已经证明应激与瘙痒或炎症性皮肤病之间存在关联（Kimyai Asadi 和 Usman，2001 ；Nagata 等，2002 ）。需要进一步研究以确定猫是否也存在类似的联系。这种联系很可能存在，特别是在过敏性皮肤病（如跳蚤过敏性皮炎）的情况下（Sparkes 等，2016 ）。

胃肠系统

肠道和大脑之间通过交感神经和副交感神经通路存在直接联系（Bhatia 和 Tandon，2005 ）。因此，应激和胃肠疾病之间的联系在猫身上的可能性和在其他物种身上的可能性一样大。

肠易激综合征

在人类和犬医学中，心理压力与肠易激综合征（irritable bowel disease，IBD）之间存在公认的联系（Simpson，1998 ）。这种情况在猫身上的科学证据较少，但一般认为确实存在，而且与其他物种一样，很可能与慢性应激有关（Sparkes 等，2016 ）。

胃肠动力改变

研究表明，应激既能延缓胃排空，又能加速大肠运动（Tachéet 等，2001 ；

Bhatia 和 Tandon，2005）。因此，应激会有不同的影响，包括降低食欲，呕吐和腹泻。Stella 等（2011）发现"疾病行为"中大部分明显的食物、胆汁或毛发（毛球）吐出、返流、腹泻或便秘，都是猫遭受应激的结果。

食欲和饮水量的减少，以及排泄频率降低导致的便秘，是众所周知的猫对住院、看病、出院回家等相关的应激时期的常见反应。食物摄入量严重减少甚至可能导致肝脏脂质沉积的潜在致命情况。

慢性应激导致的上消化道运动能力下降也能解释为什么一些猫会定期呕吐或吐毛球（Sparkes 等，2016）。

肥胖

糖皮质激素水平升高已被证明能增加人类的食欲（Tataranni 等，1996），而暴饮暴食是人类和动物对慢性应激的反应（McMillan，2013）。因此，猫的肥胖也可能与慢性环境应激有关。如果应激的根本原因没有被发现和解决，猫的标准减肥计划有时会失效或许就可以得到解释（German 和 Heath，2016）。

强制节食和减少食物供应量也会增加压力，这不仅是因为饥饿和食物供应减少，在多猫家庭中，资源供应减少可能是紧张和冲突的常见原因。

当猫感知到与其他猫正在竞争，也会增加猫一次进食的食物量和食物摄取率，导致猫比正常情况下吃得快、吃得多。这也可能导致暴食和肥胖，因为这种情况下的猫比少食多餐的猫更早感到饥饿而需要食物。吃得太多、太快的另一个影响可能是进食后不久就会呕吐或返流，如果频繁发生，就会导致体重减轻和身体状况不佳。

内分泌系统

糖尿病

糖尿病是一种代谢性疾病，身体无法利用食物中的能量，导致高血糖水平和潜在的严重并发症。

血糖水平是由胰岛素调节的，胰岛素能使细胞利用葡萄糖作为能量，帮助肝脏储存多余的葡萄糖，并根据需要释放。

糖尿病有 2 种类型。

- 类型 1：不能产生足够的胰岛素。
- 类型 2：胰岛素抵抗。

慢性压力和肥胖被认为是人类 2 型糖尿病发展的重要促成因素（Spruijt-Metz 等，2014）。尽管缺乏对患有这种疾病的猫的具体研究，但很可能应激与猫的 2 型糖尿病之间也存在因果关系（Sparkes 等，2016）。

甲状腺功能亢进

甲状腺功能亢进（甲状腺激素分泌过多）是中老年猫的常见病。已发现患有甲状腺功能亢进症的猫尿液中的皮质醇（作为应激反应的一部分而产生的一种皮质类固醇）比肌酐（一种正常的代谢分解产物）更多，说明血浆皮质醇水平高于正常水平，这表明该疾病和长期应激之间存在联系（de Lange 等，2004）。然而，目前尚不清楚是疾病导致长期应激还是长期应激导致该疾病，因为该疾病也会刺激应激反应。

神经系统

猫口腔面部疼痛综合征（FOPS）

这种综合征尤其令猫感到痛苦，会导致猫遭受异常严重的口腔和面部神经性疼痛。患有这种疾病的猫会用爪子挠嘴部，导致面部皮肤和舌头撕裂。

这种疾病在缅甸猫中最为常见，说明存在遗传易感性，但任何品种都可能受到影响。诱发因素可以是任何导致口腔疼痛或不适的因素，如恒牙萌出、牙齿疾病或口腔溃疡。但是疼痛的剧烈程度和猫的反应行为远比通常预期的要大得多。环境因素如与其他猫发生冲突、去猫舍或兽医诊所，都可能是触发因素，慢性压力也可能在疾病的发展中发挥作用，多猫家庭中适应不好的猫似乎更倾向于发生这种疾病（Rusbridge 等，2010）。

猫感觉过敏综合征

感觉过敏是对皮肤触摸或运动的异常敏感和反应。它通常是偶发性的，可能是由触摸触发的，包括自我理毛、被抚摸或兴奋增加，如在玩耍时。

感觉过敏的特征包括以下症状。

- 皮肤褶皱或抽搐。
- 猛咬、猛抓或猛舔，尤其是靠近尾巴根部的腰部区域。
- 反复无常、烦躁或有时具有攻击性行为，有时会对自己进行攻击。

与猫口腔面部疼痛综合征一样，感觉过敏的确切原因尚不清楚。它很可能不是一种单独的疾病，而是与各种未确诊的皮肤、肌肉骨骼或神经系统疾病相关的一系列症状。经历长期压力源似乎是一个诱发因素，而急性压力源可能是一个触发因素（Bowen 和 Heath，2005；Heath 和 Rusbridge，2007）。

心血管系统

应激会直接影响心脏和血压，儿茶酚胺的长期或频繁释放可能会对心血管系统产生潜在的破坏性影响（Cohen 等，2007）。

寿命

人类和犬类研究表明，慢性压力会导致 DNA 发生变化，从而缩短寿命并加速衰老（Dreschel，2010；Ahola 等，2012）。虽然没有针对猫的具体研究，但它们可能会受到同样的影响。

应激对心理和情绪健康的影响

恐惧、焦虑和沮丧等情绪都是应激的一部分，这会对心理健康和福利有害。

慢性焦虑会增加人类出现心理健康问题的风险，对动物也可能有类似的影响。例如，动物的焦虑和强迫症之间存在公认的联系（Overall，1998）。动物的刻板行为也可能源于长期的焦虑、冲突或沮丧（Mason，1991）。对于已患有认知功能障碍综合征的动物，应激的另一个影响是加快认知能力下降的速度（Mills 等，2014）。

应激和常见的家猫行为问题

攻击行为

交感神经激活会产生"逃跑或战斗"反应，并增加惊吓和防御反应。除非猫被束缚住，否则在无法逃脱或太接近感知到的威胁的情况下，试图逃脱可能会使猫面临更大的风险，那么攻击只能是唯一的防御手段。

持续的环境应激也会长期提高兴奋度以产生夸张的反应，例如，正常情况下几乎无反应的轻微或中度威胁，此时可能会让猫产生震惊或攻击行为。

重新定向攻击

如果一只猫无法逃离、追赶或对抗感知到的威胁，它所经历的高度兴奋和沮丧感可能会导致它重新将攻击指向任何最近的人或事物，可以是主人和其社会群体中的其他动物。重新定向攻击是与之前有过友好关系的猫之间关系破裂和打架的常见原因。

随地排泄

家庭训练的失败可能是由于应激对胃肠道或泌尿系统产生的直接影响，应激导致疾病，使猫排泄紧急而频繁，造成疼痛和不适而排泄地点多样。应激、害怕或焦虑的猫也会避免在它感到不安的地方排便，包括猫砂盆或户外排便区。

室内喷尿行为

尿液标记（喷尿）是未绝育猫（雄性和雌性）的正常交流行为，主要用于向潜在的性伴侣和竞争对手传达健康和性状态信息（详见第 3 章）。但在绝育的猫中，喷尿似乎与防卫领地行为或压力和焦虑引起的高度兴奋状态有关（Borchelt 和 Voith，1996；Bowen 和 Heath，2005；Neilson，2009；Amat 等，2015）。

当与其他猫，尤其是非同一社会群体中的猫争夺资源时，绝育宠物猫更容易发生室内喷尿。喷尿也可能发生在对其他家庭应激因素的反应中，例如，搬家、访客、装修作业或家中出现新生儿（Borchelt 和 Voith，1996；Pryor 等，2001）。绝育猫尿液标记行为的原因尚不明确，现有理论包括如下两种。

- 领地防御行为：宣示自身存在和健康情况让其他猫远离，从而避免接触和冲突。但是，没有证据表明猫会避免接触其他猫的尿液印记。它们实际上会花时间调查尿液标记，而在该地区停留的时间比平时更长（Bradshaw 和 Cameron-Beaumont，2000）。
- 一种应对策略：①通过增加气味信号来帮助猫减轻压力（Bowen 和 Heath，2005）；②自我提供存在潜在危险的或先前经历过威胁感知的位置信息，从而提高自身对环境的可预测性和控制力（Bradshaw 等，2012）。

强迫行为

过度理毛 / 自伤

如前所述，过度理毛可能是猫应激的一种反应，然而，在大多数情况下，潜在的疾病因素更可能是发生这种行为的原因。

异食癖 / 吸吮羊毛织物

异食癖是指采食不可食用的物品。这种行为从猫或幼猫吮吸羊毛或其他类似织物开始，然后发展到采食原材料或其他物品。它与断奶过早和其他潜在压力因素有关，例如，与年龄相关的变化和环境丰容不足（Bradshaw 等，1997）。然而，最近的一项研究发现异食癖与早期断奶或环境丰容不足无关，但发现异食癖的猫大多不是自由采食（Demontigny-Bédard 等，2016）。

这种行为的可能医学原因包括如下 3 点。

- 影响中枢神经系统的疾病，例如，猫白血病相关的脊髓病、猫传染性腹膜炎和认知功能障碍。
- 胃病，例如，胃动力障碍、胃部不适和多食症。
- 口腔疼痛或不适（Bowen 和 Heath，2005；Frank，2014）。

急性应激——对生理指标的影响

除非经常和持续地重复，否则短期应激不太可能直接损害猫的健康。但急性应激会对如下生理指标产生短期影响。

- 心率。
- 血压。
- 呼吸频率。
- 血液中的化学物质浓度，如葡萄糖。

因为它们是短暂的，所以这些变化很少引起关注，但它们会对兽医检查造成错误的结果，从而妨碍疾病的正确诊断。

评估压力

猫的应激很难评估，因为每个个体对潜在压力源的反应不同，对压力的感知也不同（Casey 和 Bradshaw，2007）。急性应激比慢性应激更容易识别，但即使如此，有些猫表现出明显的生理和行为迹象，有些猫尽管应激程度较大，却很少表现出外在迹象。

存在应激相关的疾病状况并不意味着应激引发了该疾病。因为还有其他原因也会导致这些状况，而且身体不适或疼痛本身就是一个重要的压力源。

在应激反应期间释放到血液的所有激素中，皮质醇的测量值最为显著。皮质醇是一种主要的糖皮质激素，可用于条件研究中识别动物群体的应激水平。但是，由于生理反应的个体差异导致难以正确解释试验结果，加上年龄、性别甚至一天中的时间等因素导致的正常差异，因此，此类测试在评估个体应激水平方面的用途非常有限。另一个问题是用于获取样本的方法本身可能涉及一定程度的应激，因此，会影响结果（Casey 和 Bradshaw，2007）。此类测试还有一个限制因素，就是任何形式的刺激，无论是消极的还是积极的，都会提高血液皮质醇水平，因此，皮质醇作为痛苦指标不太可靠（Mills 等，2014）。

可以观察到的应激迹象

与交感神经激活相关的生理体征

- 气喘吁吁。
- 流口水。
- 瞳孔放大。
- 排尿。
- 排便。
- 厌食。
- 立毛。

情绪应激的行为迹象

表现出迹象的数量和严重程度因个体而异，在慢性应激下，它们可能会间歇性地出现。

- 提高警惕性和睡眠抑制，尤其是在压力源存在的情况下。
- 肌肉张力增加，为"战斗或逃跑"做准备。
- 降低头部和身体的姿势。头部的位置可以低于身体。
- 当猫休息时，脚保持与地面接触，以便必要时更迅速地逃跑。
- 耳朵偏向一侧。
- 尾巴紧贴身体。
- 抑制正常行为，如进食、理毛、排泄、探索行为和游戏（Rochlitz，1999；Casey 和 Bradshaw，2007）。
- 回避行为包括如下 3 种。
    - 躲藏：急性应激会导致对压力源的短暂躲避，如不寻常的非常响亮的噪声等，但长期处于巨大压力下的家猫可能会大部分时间都在躲藏。
    - 逃跑：和躲藏一样，大多数猫都会逃离吓到它的东西，然而，承受慢性应激的猫会经历更多的兴奋，并表现出更频繁或更夸张的反应，因此，引起其逃跑的刺激源也会更多。
    - 装睡、假寐或防御性睡眠：假装睡觉或"强迫"不放松的睡眠是一些猫用来避免与感知到的或预期压力源产生交集的策略（Kessler 和 Turner，1997；Rochlitz 等，1998；Casey 和 Bradshaw，2007）。

参考文献

Addie, D., Belak, S., Boucraut-Baralon, C. et al. (2009) Feline infectious peritonitis. ABCD guidelines on prevention and management. *Journal of Feline Medicine and Surgery* 11, 594–604.

Ahola, K., Sirén, I., Kivimäki, M., Ripatti, S., Aromaa, A., Lönnqvist, J. and Hovatta, I. (2012) Work-related exhaustion and telomere length: a population-based study. *Plos One* 7 (7) e40186. DOI:10.1371/journal.pone.0040186.

Amat, M., Camps, T. and Manteca, X. (2015) Stress in owned cats; behavioural changes and welfare implications. *Journal of Feline Medicine and Surgery* 1–10.

Avitsur, R., Hunzeker, J. and Sheridan, J.F. (2006) Role of early stress in the individual differences in host response to viral infection. *Brain, Behaviour and Immunity* 20, 339–348.

Bannasch, M.J. and Foley, J.E. (2005) Epidemiologic evaluation of multiple respiratory pathogens in cats in animal shelters. *Journal of Feline Medicine and Surgery* 7, 109–119.

Bhatia, V. and Tandon, R.K. (2005) Stress and the gastrointestinal tract. *Journal of Gastroenterology and Hepatology* 20, 332–339.

Borchelt, P.L. and Voith, V.L. (1996) Elimination behavior problems in cats. In: Voith, V.L. and Borchelt, P.L. (eds) *Readings in Companion Animal Behavior.* Veterinary Learning Systems, Trenton, New Jersey.

Bowen, J. and Heath, S. (2005) *Behaviour Problems in Small Animals: Practical Advice for the Veterinary Team.* Saunders Ltd, Elsevier, Philadelphia, Pennsylvania, USA.

Bradshaw, J.W.S. and Cameron-Beaumont, C. (2000) The signalling repertoire of the domestic cat and its undomesticated relatives. In: Turner, D.C. and Bateson, P. (eds) *The Domestic Cat: The Biology of its Behaviour.* Cambridge University Press, Cambridge, UK.

Bradshaw, J.W.S., Neville, P.F. and Sawyer, D. (1997) Factors affecting pica in the domestic cat. *Applied Animal Behaviour Science* 52, 373–379.

Bradshaw, J.W.S., Casey, R.A. and Brown, S.L. (2012) *The Behaviour of the Domestic Cat,* 2nd edn. CAB International, Wallingford, UK.

Buffington, C.A.T. (2011) Idiopathic cystitis in domestic cats – beyond the lower urinary tract. *Journal of Veterinary Internal Medicine* 25, 784–796.

Buffington, C.A.T., Chew, D.J., Kendall, M.S., Scrivani, P.V., Thompson, S.B., Blaisdell, J.L. and Woodworth, B.E. (1997) Clinical evaluation of cats with non-obstructive urinary tract disease. *Journal of the American Veterinary Medical Association* 210, 46–50.

Buffington, C.A.T., Westropp, J.L., Chew, D.J. and Bolus, R.R. (2006) Risk factors associated with clinical signs of lower urinary tract disease in indoor-housed cats. *Journal of the American Veterinary Medical Association* 228, 722–725.

Buffington, C.A.T., Westropp, J.L. and Chew, D.J. (2014) From FUS to pandora syndrome. Where are we, how did we get here and where to now? *Journal of Feline Medicine and Surgery* 16, 385–394.

Cameron, M.E., Casey, R.A., Bradshaw, J.W.S., Waran, N.K. and Gunn-Moore, D.A. (2004) A Study of environmental and behavioural factors that may be associated with feline idiopathic cystitis. *Journal of Small Animal Practice* 45, 144–147.

Casey, R.A. and Bradshaw, J.W.S (2007) The assessment of welfare. In: Rochlitz, I. (ed.) *The Welfare of Cats.* Springer, Dordrecht, The Netherlands.

Cohen, S., Janicki-Deverts, D. and Miller G.E. (2007) Psychological stress and disease. *Journal of the American Medical Association* 298, 1685–1687.

De Lange, M.S., Galac, S., Trip, M.R.J. and Kooistra, H.S. (2004) High urinary corticoid/creatinine ratios in cats with hyperthyroidism. *Journal of Veterinary Internal Medicine* 18, 152–155.

Demontigny-Bédard, I., Beauchamp, G., Bélanger, M.C. and Frank, D. (2016) Characterization of pica and chewing behaviors in privately owned cats: a case-control study. *Journal of Feline Medicine and Surgery* 18, 652–657.

Dreschel, N.A. (2010) The effects of fear and anxiety on health and lifespan in pet dogs. *Applied Animal Behaviour Science* 125, 157–162.

Frank, D. (2014) Recognizing behavioral signs of pain and disease: a guide for practitioners. *Veterinary Clinics of North America: Small Animal Practice* 44, 507–524.

Gaskell, R., Dawson, S., Radford, A. and Thiry, E. (2007) Feline herpesvirus. *Veterinary Research* 38, 337–354.

Gerber, B., Boretti, F.S., Kley, S., Laluha, P., Müller, C. *et al.* (2005) Evaluation of clinical signs and causes of lower urinary tract disease in European cats. *Journal of Small Animal Practice* 46, 571–577.

German, A. and Heath, S. (2016) Feline obesity. In: Rodan, I. and Heath, S. (eds) *Feline Behavioural Health and Welfare.* Elsevier, St Louis, Missouri, USA, pp. 148–161.

Griffiths, K. (2016) How I approach overgrooming in cats. *Veterinary Focus* 26, 32–39.

Gunn-Moore, D.A. (2003) Feline lower urinary tract disease. *Journal of Feline Medicine and Surgery* 5, 133–138.

Gunn-Moore, D., Moffat, K., Christie, L.A. and Head, E. (2007) Cognitive dysfunction and the neurobiology of aging in cats. *Journal of Small Animal Practice* 48, 546–553.

Hardie, E.M., Roe, S.C. and Martin, F.R. (2002) Radiographic evidence of degenerative joint disease in geriatric cats: 100 cases (1994–1997). *Journal of the American Veterinary Medical Association* 220, 628–632.

Heath, S. and Rusbridge, C. (2007) Feline hyperaesthesia syndrome and orofacial pain in Burmese. *Scientific Proceedings of ESFM Feline Congress.* Prague, pp. 79–82.

Hobi, S., Linek, M., Marignac, G., Olivryŝ, T., Beco, L. *et al.* (2011) Clinical characteristics and causes of pruritus in cats: a multicentre study on feline hypersensitivity – associated dermatoses. *Veterinary Dermatology* 22, 406–413.

Jones, B.R., Samson, R.L. and Morris, R.S. (1997) Elucidating the risk factors of feline lower urinary tract disease. *New Zealand Veterinary Journal* 45, 100–108.

Kessler, M.R. and Turner, D.C. (1997) Stress and adaptation of cats (Felis Silvestris Catus) housed singly, in pairs and in groups in boarding catteries. *Animal Welfare* 6, 243–254.

Kimyai-Asadi, A. and Usman, A. (2001) The role of psychological stress in skin disease. *Journal of Cutaneous Medicine and Surgery* 5, 140–145.

Koolhaas, J.M., Bartolomucci, A., Buwalda, B. et al. (2011) Stress revisited: a critical evaluation of the stress concept. *Neuroscience and Biobehavioral Reviews* 35, 1291–1301.

Landsberg, G., Denenberg, S. and Araujo, J. (2010) Cognitive dysfunction in cats. A syndrome we used to dismiss as 'old age'. *Journal of Feline Medicine and Surgery* 12, 837–848.

Lascelles, B.D.X, Henry III, J.B., Brown, J., Robertson, I., Sumrell, A.T. *et al.* (2010) Crosssectional study of the prevalence of radiographic degenerative joint disease in domesticated cats. *Veterinary Surgery* 39, 535–544.

Mason, G.J. (1991) Stereotypies: a critical review. *Animal Behaviour* 41, 1015–1037.

McMillan, F.D. (2013) Stress-induced and emotional eating in animals: a review of the experimental evidence and implications for companion animal obesity. *Journal of Veterinary Behaviour* 8, 376–385.

Mills, D. (2016) What are stress and distress, and what emotions are involved? In: Sparkes, A. and Ellis, S. (eds) *ISFM Guide to Feline Stress and Health: Managing Negative Emotions to Improve Feline Health and Wellbeing.* International Cat Care, Tisbury, Wiltshire, UK, pp. 7–18.

Mills, D., Karagiannis, C. and Zulch, H. (2014) Stress – its effects on health and behaviour: a guide for practitioners. *Veterinary Clinics of North America: Small Animal Practice* 44(3), 525–541.

Mizoguchi, K., Ishige, A., Aburada, M. and Tabira, T. (2003) Chronic stress attenuates glucocorticoid negative feedback involvement of the prefrontal cortex and hippocampus. *Neuroscience* 119(3), 887–897.

Nagata, M., Shibata, K., Irimajiri, M. and Luescher, A.U. (2002) Importance of psychogenic dermatoses in dogs with pruritic behaviour. *Veterinary Dermatology* 13(4), 211–229.

Neilson, J.C. (2009) House soiling by cats. In: D.F. Horwitz and D.S. Mills (eds) *BSAVA Manual of Canine and Feline Behavioural Medicine*, 2nd edn. BSAVA, Gloucester, UK.

Overall, K. (1998) Self-injurious behaviour and obsessive-compulsive disorder in domestic animals. In: Dodman, N.H. and Shuster, L. (eds) *Psychopharmacology of Animal Behavior Disorders*. Blackwell Science, Malden, Massachusetts, USA, pp. 222–252.

Padgett, D.A. and Glaser, R. (2003) How stress influences the immune response. *Trends in Immunology* 24, 444–448.

Pryor, P.A., Hart, B.L., Bain, M.J. and Cliff, K.D. (2001) Causes of urine marking in cats and effects of environmental management on frequency of marking. *Journal of the American Veterinary Medical Association* 12, 1709–1713.

Rochlitz, I. (1999) Recommendations for the housing of cats in the home, in catteries and animal shelters, in laboratories and in veterinary surgeries. *Journal of Feline Medicine and Surgery* 1, 181–191.

Rochlitz, I., Podberscek, A.L. and Broom, D.M. (1998) Welfare of cats in a quarantine cattery. *The Veterinary Record* 143, 35–39.

Rusbridge, C., Heath, S., Gunn-Moore, D.A., Knowler, S.P., Johnston, N. and McFadyen, A.K. (2010) Feline orofacial pain syndrome (FOPS): a retrospective study of 113 cases. *Journal of Feline Medicine and Surgery* 12(6), 498–508.

Sapolsky, R.M., Romero, L.M. and Munck, A.U. (2000) How do glucocorticoids influence stress responses? Integrating permissive, suppressive, stimulatory and preparative actions. *Endocrine Review* 21, 55–89.

Selye, H. (1974) *Stress Without Distress*. J.B. Lippincott, New York. Cited in: McGowen, J., Gardner, D. and Fletcher, R. (2006) Positive and negative affective outcomes of occupational stress. *New Zealand Journal of Psychology* 35(2), 92–98.

Simpson, J.W. (1998) Diet and large intestinal disease in dogs and cats. *The Journal of Nutrition* 128, 2717S–2722S.

Sparkes, A., Bond, R., Buffington, T., Caney, S., German, A., Griffin, B. and Rodan, I. (2016) Impact of stress and distress on physiology and clinical disease in cats. In: Sparkes, A. and Ellis, S. (eds) *ISFM Guide to Feline Stress and Health: Managing Negative Emotions to Improve Feline Health and Wellbeing.* International Cat Care, Tisbury, Wiltshire, UK, pp. 41–53.

Spruijt-Metz, D., O'Reilly, G.A., Cook, L., Page, K.A. and Quinn, C. (2014) Behavioral contributions to the pathogenesis of type 2 diabetes. *Current Diabetes Reports* 14, 1–10.

Stella, J.L., Lord, L.K. and Buffington, C.A.T. (2011) Sickness behaviors in response to unusual external events in healthy cats and cats with feline interstitial cystitis. *Journal of the American Veterinary Medical Association* 238, 67–73.

Taché, Y., Martinez, V., Million, M. and Wang, L. (2001) Stress and the gastrointestinal tract III. Stress-related alterations of gut motor function: role of brain corticotropin-releasing factor receptors. *American Journal of Physiology-Gastrointestinal and Liver Physiology* 280, G173–G177.

Tanaka, A., Wagner, D.C. and Kass, P.H. (2012) Associations with weight loss, stress and upper respiratory tract infection in shelter cats. *Journal of the American Veterinary Medical Association* 240, 570–576.

Tataranni, P.A., Larson, D.E., Snitker, S., Young, J.B., Flatt, J.P. and Ravussin, E. (1996) Effects of glucocorticoids on energy metabolism and food intake in humans. *American Journal of Physiology-Endocrinology and Metabolism* 271, E317–E325.

Van den Bos, R. (1998) Post-conflict stress-response in confined group-living cats (Felis silvestris catus). *Applied Animal Behavioural Science* 59, 323–330.

Waisglass, S.E., Landsberg, G.M., Yager, J.A. and Hall, J.A. (2006) Underlying medical conditions in cats with presumptive psychogenic alopecia. *Journal of the American Veterinary Medical Association* 228, 1705–1709.

7 学习、训练和行为

　　并非所有猫的行为都是先天的或纯粹由本能支配的，一只猫的大部分行为都是通过学习发展而来的。因此，为了更好地了解猫的行为，有必要了解猫是如何学习的，以及它们所学的东西如何影响它们的行为以及它们与人类的关系。

　　人们普遍误认为猫是无法训练的，但任何能够学习的动物都可以被训练。无论物种如何，动物的学习方式都非常相似。然而，由于生理、认知和"自然"行为的物种特异性差异，它们能够学习的内容和最有效的训练方式可能会有很大差异。毫无疑问，犬和猫的训练有一些相似之处，但如果我们试图以与训练犬完全相同的方式训练猫，并期望猫的行为方式与犬相同，那就变得难以成功，除非我们为猫量身定制训练方式和预期目标。

为什么要训练猫

　　训练可以在很多方面帮助改善猫与主人的关系（图 7.1）。它不仅可以为主人提供一些控制宠物行为的方法进而有助于预防一些行为问题，还可以通过增加精神满足和刺激来改善宠物猫的整体福利，帮助它们更好地应对在人类家庭中的宠物生活（Bradshaw 和 Ellis，2016）。行为问题的治疗有时也会涉及一些训练或学习操作。

学习相关理论

　　学习相关理论是各种学习方式的统称。

习惯化

　　恐惧和防御行为是对新奇或不明刺激的正常反应，但如果动物继续对经常发生的、被证明无害的刺激做出害怕的反应，其结果将是感觉超负荷，导致压力增加和福利下降。习惯化是最简单的学习形式之一，是动物习惯并学会忽略日常非威胁性景象、声音和气味的过程。

图 7.1 训练有助于改善猫的福利并加强猫与主人的关系。照片由 Celia Haddon 提供。

如果刺激在相对较短的时间内频繁重复并且处于个体应对能力范围内，则更可能发生习惯化。在幼猫的敏感发育期，也就是 2—7 周龄（详见第 5 章）时，习惯化更易发生，在此之后，与习惯化相对的，致敏的风险可能会增加。

实例

- 常见的家庭声音，例如，洗衣机或电视发出的声音，如果成猫或幼猫以前没有遇到过，则会认为这些声音具有潜在的恐惧性，会产生惊吓反应和恐惧反应。在相对较低的音量下反复接触，成猫和幼猫可能会"习惯"这些声音并学会忽略它们，即使后来以更高的音量呈现，也能同样忽略，例如，电视音量的调高。

致敏

致敏可以被认为是习惯化的反面，意指重复会导致动物对刺激的反应变得更多而不是更少。如果刺激是不可预测的并且以超出个体应对能力的水平存在，则更可能发生敏感化。情绪激动的程度越高（例如，当刺激出现时，动物感受到的恐惧程度），致敏的风险也越大（Davis，1974）。

实例

- 犬猫对烟花的敏感和高度恐惧是很常见的。这是因为烟花非常响亮且不可预测。此外，第一次烟花燃放的声音可能会充分增加动物的恐惧兴奋程度，以致在随后的每次重复中其更易发生敏感化。
- 到宠物医院看病或外出时，猫更可能会对潜在的可怕景象、声音甚至气味变得敏感，因为此时猫已经处于高度的恐惧兴奋状态。

联想学习

习惯化和敏感化是最基本的学习形式，源于单一刺激的存在。联想学习涉及同时发生的两个事件以及在两者之间建立的习得关联。

经典条件反射

这是反射反应和不引起反应的无关刺激之间的习得关联。

反射反应

这些是在无意识或没有先前经验的情况下对刺激的反应。例如，触摸热的或其他引起疼痛的东西会导致反射性退缩；食物的气味或味道会导致唾液的反射性产生；突然的噪声和意外的声音会产生反射性的惊吓反应。

巴甫洛夫条件反射

伊万·彼得罗维奇·巴甫洛夫（Ivan Petrovich Pavlov）是一位对消化生理学感兴趣的俄国生理学家。他的一项研究试验旨在测量犬的唾液分泌物。在研究中，他注意到犬不仅在将食物放入口中时会分泌唾液，而且在其他时间也会产生唾液。他观察到唾液的产生不是随机的，而是对特定刺激的反应，例如，饲喂者的视觉信息或声音。在意识到这一现象后，巴甫洛夫改变了他的试验，以便更多地了解条件反射。

这涉及以下过程。

（1）没有其他刺激下给予食物，导致唾液产生。巴甫洛夫称之为"无条件反应"（UR）。

（2）呈现声音，未引起犬的反应。巴甫洛夫称之为"无条件刺激"（US）。

（3）呈现相同的声音，2秒后给予食物。

经过几次循环后，单独的声音便会导致唾液的产生。声音呈现30秒，让试验者在没有食物的情况下测量声音引起的唾液产生。巴甫洛夫将仅由声音引起的唾液产生称为"条件反射"（CR）。导致产生唾液的声音称为"条件性刺激"（CS）（Pavlov，1927，被 Lieberman，1993 引用）。

虽然唾液的产生是一种纯粹的生理反应，但同样也会发生认知学习，即涉及有意识思考的学习，因为犬在听到声音时会学会期待食物。

经典条件反射不仅适用于对食物的预期，还适用于任何反射或情绪反应，包括放松和恐惧，这反过来也会影响行为反应。

实例

- 猫听到某个柜门开了，就朝厨房跑去。
  享受食物带来的愉悦（以及唾液的产生）= 无条件反射。
  橱柜打开时的声音没有引起反应，这个声音 = 无条件刺激。
  猫被给予零食后橱柜打开的声音 = 条件性刺激。
  当听到柜子打开时对享受的预期（和唾液的产生）= 条件反射。
- 猫一看到航空箱就逃跑。
  外出产生的恐惧，特别是去看兽医的外出 = 无条件反射。
  航空箱的存在没有导致反应，这个景象 = 无条件刺激。
  被带到兽医那里数次后看到航空箱 = 条件性刺激。
  猫一看到航空箱就感到害怕 = 条件反射。
- 电视一打开，猫就跳到主人的腿上。
  被抚摸和处于安全、温暖及舒适的状态而感到放松和惬意 = 无条件反射。
  电视打开没有反应 = 无条件刺激。
  当主人坐下来，放松并抚摸猫时，电视机被打开 = 条件刺激。
  当电视打开时，期待放松和与主人愉快的互动 = 条件反射。

操作性条件反射（或指导性学习）

通过经典的条件反射，猫学会在好的或坏的感觉和它无法控制的刺激或事件之间建立联系。通过操作性条件作用，结果无论好或坏，都会与猫的行动相关联。

强化

如果一种行为的结果对动物有益，就会产生强化作用，从而导致行为重复的可能性增加（Lieberman，1993）。

正强化

正强化是在行为之后直接给予奖励，有效地增加行为重复的机会。

实例

- 猫跳到主人的腿上。主人抚摸猫。跳到主人膝盖上的行为会得到主人抚摸猫的奖励，这种行为重复的概率会增加。
- 猫打开放食物的柜门。猫用爪子抓柜门打开柜门的行为是一种自我奖励，因为猫得到了食物，这种行为重复出现的机会也增加了。

负强化

负强化是指一种行为使猫从不愉快的经历中解脱出来，也会增加这种行为重复的机会。

实例

- 猫在寒冷的屋外淋雨。它大声呼叫。主人打开门让猫进来。猫在门前喵叫的行为得到了主人的奖励，让猫远离寒冷和潮湿。于是，在门口呼叫让人开门的可能性增加了。
- 猫正在被狗追赶。猫跳起来，越过了一堵高墙。狗无法跟上。翻墙的行为是猫逃避危险的自我奖励。当认为受到威胁时，猫跳过相同或类似高墙的可能性就会增加。

训练奖励或强化剂

奖励是从行动中得到的有益的东西。强化剂是增加行为或动作重复可能性的事物。这两者往往难以区分，但不能保证刻意的奖励会起到强化作用。为了增加奖励成为增强剂的可能性，奖励应符合以下标准。

- 需要在达到预期的行为后尽快给予。延迟越长，奖励与行为相关的可能性就越小。
- 足够的回报（方格 7.1）。
- 给予和接受应该是容易的。
- 不应该过度兴奋或过度奖励，因为过度兴奋会扰乱猫的学习能力，另外，在完成行为之前不给予奖励会导致猫沮丧。在训练过程中，猫应该保持冷静，有兴趣和渴望得到奖励，但不应该出现"痴迷"。
- 奖励作为强化剂是否长期有效也会受到奖励频率的影响（方格 7.2）。

方格 7.1　训练奖励：什么对猫最有效

食物奖励

如果猫的兴趣点不在食物上，不饿或对食物的偏好非常有限，则食物不能作为足够的奖励。

如果猫对食物奖励不感兴趣，可尝试以下办法。

- 尝试新鲜煮熟的肉、奶酪或鱼，而不是干粮（也可以用勺子给予湿粮）。
- 尝试气味更浓的食物。
- 一次只提供很少的部分。
- 将零食撒在地面让猫寻找，有时能让猫觉得食物变得有趣。
- 零食多样化。

如果猫对食物很着迷，试图抓住食物或对食物表现出很大的兴趣，而对与训练师互动或执行所需行为的兴趣则少得多，可尝试以下办法。

- 使用不太吸引人的食物，如干粮。
- 将零食放入碗具中，将其放在地上或使用夹子或带手柄的勺子，防止猫咬或抓人。
- 使用另一种形式的培训奖励。

抚摸 / 梳毛

- 如果猫不喜欢被抚摸，或者只是偶尔接受或喜欢被抚摸，就无法起到强化作用。
- 适合喜欢与人交往的猫，尤其是喜欢被抚摸和梳毛的猫。
- 头部和 / 或脸部侧面通常是猫最喜欢被抚摸的地方（Ellis 等，2015）。
- 提供猫喜欢摩擦的刷子或类似物品对有些猫来说效果很好。

玩耍

- 用逗猫棒类玩具玩游戏可以很好地作为对喜欢玩耍的幼猫或成年猫的奖励和强化物。
- 如果期望的行为是要求猫保持冷静和放松，则不建议将玩耍用作奖励。

非刻意的强化

一些不受欢迎的习得行为很难去除，其中一个原因是它们很容易得到无意中的奖励；如果这种情况间歇性地发生，使该行为消失就会变得异常艰难（详见第 109 页"非奖励"）。

方格7.2 反射强化规划

持续强化： 行为每次发生都会得到奖励。

部分（间隔）强化： 该行为间歇性地得到奖励。

比例规划

固定比例： 猫只有在正确反应固定次数后才能获得奖励。

可变比例： 正确反应的数量因奖励而异。

间隔规划

奖励之间有一段时间间隔。

固定时间间隔： 距离上一次正确反应，一个固定时间后又做出正确反应，才给予奖励。

可变时间间隔： 正确反应并给予奖励的时间间隔不相同。

什么最适合训练

建议在训练刚开始时进行持续强化，以便在行为和奖励之间建立最初的紧密联系。但持续强化有一个问题，当奖励停止，行为将迅速消失，即不再做出行为，而使用间隔强化（特别是可变比例）训练的行为则被证明更难消失。换句话说，在没有奖励的情况下，行为能持续更长时间。

因此，一旦建立了最初的强大联系，建议训练员最好从每次做正确的事情都奖励猫，变为间歇性地提供奖励，但没有固定的模式。

实例

● 猫知道把东西从架子上推下来是引起主人注意的有效方法。猫的主人会尝试忽视猫的行为，使猫得不到主人关注的奖励。但是，当猫要把一些精致而有价值的东西从架子上推下来时，主人仍然会做出反应，给予猫想要的关注，从而会断断续续地强化这种行为，使这种行为继续下去。

自我奖励行为

在没有其他个体干预的情况下，一种行为之后出现奖励，可以说这种行为是"自我奖励"。例如，一只猫跳到工作台上，吃剩下的食物，就是一种自我奖励的行为。

间接强化

直接强化因子是动物所渴望的东西，通常是生存和福利所必需的东西，例如，食物、安全、住所、舒适或社会交往。

间接强化因子（也称为条件强化因子，见经典条件反射）是与直接强化因子密切相关的物质。

对人类来说，最常见的间接强化因子是金钱，它不过是纸张、金属、塑料或电脑屏幕上的数字，而这些都不是我们生存或幸福所必需的。但由于金钱与我们确实需要或想要的东西有着非常密切的联系，它也变得同样令人向往。

对于动物来说，不相关的刺激，尤其是声音，可以与食物等主要强化因子联系起来，变得同样令其向往，如果使用得当，可以成为一种非常有效的训练工具。

间接强化训练的基本原则

- 刺激物（如声音）与直接强化物（如食物）反复组合：先声音，然后食物。
- 动物不仅能在听到声音后立即学会期待食物，而且，由于这种强烈的联想，声音本身可以作为一种奖励，但前提是它持续与食物相关联。
- 一旦动物做出正确的反应，训练员就给予间接强化（如声音），用于将该强化物"标记"动物的行为，然后再给予直接强化物。
  这种训练的优点如下。
- 当使用直接强化物时，在做出行为和提供奖励之间可能存在延迟。这可能导致期望的行为错过奖励，或无意中奖励和强化了另一种行为。
- 当使用间接或条件强化时，可在动物做出行为的同时或之后"立即"给予，从而清楚地告诉动物真正想要的是什么。
- 这对训练员来说也很方便，他只需要立刻给予一个间接强化即可。
  这种训练的缺点如下。
- 训练员给予强化的时间点必须恰到好处，以避免标记和无意中强化了错误行为。
- "响片"通常用于狗和其他动物的间接强化训练，但这可能不太适合猫（方格 7.3）。

引诱

显然，动物需要先表现出某种行为，然后才能强化。用身体强迫动物进入一个地方或做一个姿势并不能教会它任何东西，因为它需要靠自己完成动作，以便学会如何再次做出行为。有些行为是自发发生的，但我们可能要等很长时间，才能让猫做出预期的行为。开始训练时，可以使用奖励和其他诱饵，来鼓励（引诱）猫做出预期的行为，以增加这种行为形成的可能性（图 7.2）。

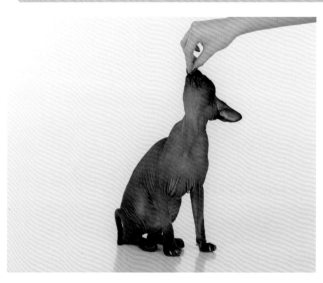

图7.2 引诱可以调整为手势信号，之后也可以与口头"命令"组合，如"坐下"。

实例

- 想让猫在特定的垫子或猫床上躺下休息，可以从鼓励猫朝正确的方向走开始，把食物扔到床上或床的附近，或者用勺子末端的湿粮将猫引到垫子上。
- 游戏和玩具也可以用作诱饵。例如，训练猫使用活动板猫洞时，可以使用一个喜爱的玩具在猫洞的另一侧将猫引诱过来。不过，如果目的是让猫放松，那玩具就不是最好的选择。

行为塑造（逐渐达成）

即使使用诱饵，猫也很少会马上做出预期行为，特别是当我们期待一个相当复杂的行为时。因此，在许多情况下，需要"塑造"行为。

每次动物做出的行为都会略有不同，"塑造"则是集中奖励最接近的行为。首先，奖励"足够接近"的行为，然后每次猫做出更接近行为时，只奖励那些行为，而忽略之前不太接近的行为，最终，猫会做出我们真正想要的行为而得到奖励。

实例

如果想教猫在垫子或猫床上躺下休息，可以根据如下方法塑造行为。

- 刚到床边的时候，先奖励一下。
- 然后奖励至少一只脚放在床上。
- 然后只奖励站在床上的行为。
- 然后只奖励坐在床上的行为。
- 然后只奖励坐在床上超过 10 秒（逐渐增加）。
- 然后只奖励躺在床上的行为。
- 然后只奖励躺在床上超过 10 秒（逐渐增加）。
- 然后只奖励躺在床上放松的样子。

提示

这是在行为之前的信号，告诉动物希望它做什么，通常称为"命令"。可以是口头提示，例如，特定的单词或短语，也可以是视觉信号，如手势。

确切的提示时间可以根据想要强化的行为和训练方式而有所不同。如果训练使猫感到快乐，其做出正确行为的机会就会非常高，可以在训练开始时进行提示。但是，如果猫有很多不同的行为选择，在猫还不了解应该做什么的时候过早给出提示就是一个常见错误。这增加了猫将提示和不想要的行为关联的风险，或者无法做出正确的关联，因为对于猫来说，提示和行为还没有完全被定义。在这种情况下，最好等到猫了解人类期待怎样的行为，然后在它做出或即将做出期望的行为时使用提示。引诱时使用的信号，例如，握着手像给猫零食，使猫坐着抬头看，也可以作为提示，并可以与口头提示配合使用。

然而，如果正在塑造一种行为，则不必进行整个流程，只要猫对它的预期有了大致的了解，就可以使用提示。

实例

- 当训练猫在听到呼唤时过来的时候，从近距离开始尝试，用食物或其他足够奖励的诱惑把它引向你。在这种情况下，可以很早就引入提示（用于呼叫猫的信号），因为猫有很大可能会来找你以获得奖励。
- 如果训练猫"听话"坐下，在猫不知道你需要什么之前反复说"坐下"不太可能成功。最好等到猫真的坐下，然后在它坐下或即将坐下时给予提示。将猫引诱到坐姿的一种方法是将食物放在它头顶上方的空中，这样猫就可以坐着看拿着食物的手。这种引诱方法可以用作视觉提示，以后可以与口头提示配合（图7.2）。
- 如果训练猫去软垫上休息，只要猫主动朝垫子走去，至少是踩在垫子上，就可以给予提示。然后可以如上所述继续训练。

修正（改变）不需要的行为

惩罚

在"学习理论"的术语中，如果一种行为的发生及其后果导致该行为重复发生的概率降低，则可以说该行为受到了处罚。这种行为伴随着惩罚（Lieberman，1993）。惩罚通常是令人厌恶的，即动物倾向于避免它，出于训练或行为改变的目的，惩罚不应该是痛苦和可怕的。事实上，为了惩罚不想要的行为而引起疼痛或恐惧可能会导致或加剧更严重的行为，如焦虑和攻击性（方格7.4）。

正向惩罚

正向惩罚是某种行为后产生的令人厌恶的体验，它可以有效减少重复行为的机会。

实例

- 猫跳进邻居的花园，被邻居的狗追起，猫学会避开那个花园。跳进邻居花园的行为受到了正向的惩罚。
- 主人将保鲜膜包裹在猫通常会抓挠的椅子腿上。当猫试图抓椅子腿时，猫的感觉是不愉快的，这种行为就减少了，因此，受到了正向的惩罚。

方格 7.4　惩罚的相关问题

意外关联

使用惩罚或对不想要的行为进行刻意惩罚时，猫可能不会将厌恶事件与"不良行为"联系起来，而是产生完全不同的关联。

实例

猫被主人抓到在地毯上小便。主人发出可怕的巨响作为惩罚。猫将这种可怕的体验与旁边另一只猫联系起来，导致对另一只猫的恐惧和防御行为以及猫之间关系的破裂。

时间点

为了增加（但不保证）猫做出正确关联的可能性，厌恶事件需要在行为的同时或紧随其后发生。任何延迟都会增加猫将其与其他行为联系起来的风险。

实例

猫跳到工作台上偷吃食物。主人走进房间，猫跳下来迎接主人。主人愤怒地冲着偷食物的猫大喊大叫，但对于猫来说，接近主人的行为反而受到了惩罚。

强度

为了做出有效的惩罚，即降低行为继续重复的可能性，惩罚需要足够令猫厌恶。然而，如果它过于令猫厌恶，更有可能会导致猫的恐惧、焦虑和压力，而不会影响其行为，因为恐惧和兴奋会抑制学习（Teigen，1994）。找到正确的强度水平可能非常困难，因为厌恶是一种主观体验，在个体之间可能会有很大差异。

实例

同一个家庭的三只猫正在抓沙发。主人试图通过在猫抓沙发时向它们喷水来惩罚这种行为。对于其中一只猫来说，喷水足以避免这种行为（尽管它仍然会刮伤其他家具）。对另一只猫来说，喷水还不够令它反感，它还会继续挠沙发。对于第三只猫来说，喷水是非常痛苦的经历，这种经历会使其变得紧张和焦虑，从而对其与主人和其他猫的关系产生负面影响，并增加其抓挠行为。

负向惩罚

负向惩罚是行为后伴随着愉快体验的结束，因此，减少了<u>重</u>复行为的机会。

实例

● 猫很享受坐在主人腿上被抚摸。它伸出爪子，将爪子抠进主人的大腿。主人把猫放在地上然后走开了。猫知道用爪子抠主人的腿会导致被抚摸和感觉舒适的结束，因此，该行为受到了负向惩罚。

无奖励

如果猫已经开始期待行为的奖励（强化）结果，但预期奖励消失了，这会变成一种惩罚。此外，如果在没有预期奖励的情况下重复该行为，持续缺乏奖励会导致该行为的频率和强度降低，最终猫不再做出该行为。这被称为行为的**消失**。

实例

● 猫会持续尝试打开存放零食的柜门。主人将零食移到猫触碰不到的另一个柜子里。猫继续打开柜子，但现在柜子里没有零食了，它的行为不再受到奖励，因此，行为频率降低并最终停止。

消弱突现

如果一种行为不再受到奖励，则可能会在该行为完全消失之前出现"消弱突现"。发生这种情况时，行为会在频率下降之前的短时间内增加或恶化。

实例

● 在打开橱柜的行为消失并最终停止之前，猫可能最初会增加打开橱柜的次数，或者对打开橱柜寻找零食的行为变得更加疯狂，直到它意识到该行为不能再获得奖励。

对抗性条件反射作用

经典条件反射会导致猫将原本不相关的刺激与情绪反应联系起来，例如，恐惧。对抗性条件反射作用将最初的条件刺激与不同的无条件刺激配合，引起非常不同的情绪反应，即愉悦。

然而，单独的对抗性条件反射很少成功，特别是如果动物对刺激的恐惧体验变得敏感。在大多数情况下，还需要使动物对刺激脱敏和适应。

脱敏

在不会引起不良情绪反应的水平上给予猫已经变得敏感的刺激，如恐惧，并非常缓慢地逐渐增加刺激的强度，让猫变得不那么害怕并最终习惯它。

实例

因为航空箱与此前就医经验的联系，它的出现可能会导致猫感到害怕。可以通过以下步骤减少恐惧。

- 将航空箱放在猫每天都会看到并习惯看到的地方。
- 训练猫将航空箱与好的事物联系起来，如美味的食物零食，将零食逐渐靠近航空箱。
- 当猫不再害怕航空箱时，可以开始进一步训练，训练猫心甘情愿、无所畏惧地进入航空箱。

重定向行为或提供替代目标

如果行为目标在人类家庭中是不可接受的，那么对于猫的整体健康而言，天生和必要的行为也可能成为一个问题。当不受欢迎的行为是自我奖励时，几乎不可能减少或阻止这种奖励，这也是一个问题。在这种情况下，通常最好为猫提供一个可替代且更容易接受的行为目标。

实例

- 抓挠是猫科动物的正常行为，有利于猫的健康和福利。但对许多猫主人来说，抓挠家具是不可接受的。这个问题可以通过提供合适的猫抓柱和猫抓板并训练猫使用来解决。
- 猫有时会对其他猫或人进行不可接受的捕猎性游戏行为。这可以通过将行为重新定向到玩具来解决。

影响学习的因素

动机——学习新的行为

有些因素会影响个体的学习能力，其中一个主要因素是动机。如果一只猫"没有心情"进行某种行为，或者对潜在的奖励不感兴趣，那么这种行为就不太可能发生。即使猫最初确实表现出这种行为，如果奖励是猫当时并不特别感兴趣的东西，那么这种行为被强化并因此重复的可能性也会降低。训练猫的困难之一是找到正确的时间点和正确的奖励，这样猫就有足够的动机开始做出行为，并且对奖励有足够的兴趣，从而强化行为。

实例

- 猫一天花很多时间睡觉。疲惫的猫不太会想参加训练。
- 当猫有心情玩耍时，训练它放松也是不太可能成功的。
- 提供的奖励取决于猫当时最想要什么。当猫饿了的时候，吃东西的动机会更强烈，但是如果猫当时对被喜爱和关注更感兴趣，那么被抚摸将会是更强烈的动机和更好的回报。同样，当猫想要活动时，玩耍可能是最好的奖励。

动机——改变不想要的行为

当试图改变以前习得的行为时，做出新行为的动机需要比做出旧行为的动机更强。

实例

- 喜欢抓挠家具的猫，提供给它们的抓板和垫子需要比家具更有吸引力。
- 将玩具或游戏用来转移注意力，或重新引导不可接受的针对人或其他动物的捕猎性游戏行为，这个玩具和游戏需要比猫"开玩笑地"攻击更"有趣"。

条件动机

给予曾经与直接强化物相关联的刺激可以增强动机。Weingarten（1983）训练大鼠将蜂鸣器的声音与食物联系起来。然后，在没有蜂鸣器的情况下，向老鼠提供食物，直到它们吃饱了，不再饥饿，对提供的食物不再感兴趣。但当它们听到蜂鸣器的声音时，它们会再次开始吃东西，尽管它们已经饱了。

实例

- 准备一个"训练工具箱"是个好主意，其中包含训练所需的一切，包括所有不同类型的奖励（Bradshaw 和 Ellis，2016）。如果之前的训练课程对猫来说很有趣，并且有足够的回报，那么看到这个盒子就可以表明训练即将开始，并增加猫的训练动机。

辨别刺激

猫能够意识到只有在特定刺激存在的情况下才会发生事件。我们希望一个刺激与某个事件相关联，而猫可能会错误地辨别刺激，或同时对别的刺激产生额外关联。

实例

- 水枪射出的水可以用来阻止入侵的猫进入花园，目的是让猫学会将进入花园与被淋湿联系起来。但是，当持水枪的人不在时，猫仍然可能会进入花园，因为正是人类在场，猫才学会将入侵花园与被水喷射联系在一起。

掩蔽现象

经典条件反射过程中可能存在多个刺激。当这种情况发生时，动物将与更强或更显著的刺激产生联系。

实例

- 当训练猫听到呼唤过来时，主人可以蹲下来，向猫伸出手，轻轻地叫猫的名字。猫可能会去找主人，但主人蹲下并拿出食物的视觉暗示可能更为明显，会遮掩猫的名字被呼唤的声音。所以，当猫看不见主人时，或者主人没有蹲下来给它吃东西时，呼唤就不起作用。

迷信行为

在训练（操作性条件反射）期间，动物可能会做出预期行为之后又做出额外的行为，或者直接做出其他行为。如果奖赏跟随着这种反应，动物可能会误认为这是引起奖赏的行为。

实例

- 当训练猫按命令坐下时，猫也可能在接到"坐下"命令后抬起爪子。然后，猫就会学会将"坐下"理解为"抬起爪子"或"坐下抬起爪子"。

特定情境学习

当动物学习一种反应时，它不仅会与行为的直接后果联系起来，还会与学习发生的事件或地点周围的一系列环境联系起来。如果学习是在各种不同的环境中进行的，那么这种行为和学习将被推广到大多数其他情境中。但是，如果学习只发生在一个环境中，那么同样的反应在其他环境中发生的可能性就会小很多。

实例

- 如果猫在厨房里有过可怕的经历，但在家里其他地方没有，那么它更可能在厨房里表现出恐惧和警惕，而不太可能在房子的其他地方表现出恐惧和警惕。
- 如果猫在客厅经过训练听到呼唤会过来，那么当它在房子的其他地方或花园被呼叫时，它就不太可能做出反应。

后天的无助感

如果之前的尝试失败，动物最终可能会"放弃"逃避厌恶性刺激的尝试。

实例

- 处于受限环境（如庇护所、猫舍或医院笼子）的猫可能非常害怕周围的环境，并试图躲藏起来。如果没有为猫提供藏身的地方，一段时间后，它可能会直接放弃尝试，即使之后又提供了躲藏的条件。

健康和认知能力

猫的身体和心理健康会显著影响学习。认知功能障碍综合征（见第 6 章）会降低猫的学习能力，而疼痛、不适或感觉不舒服会降低猫参与训练的意愿和能力。对于一只健康状况不佳的猫来说，刻意的强化将缺乏吸引力和回报。身体内部疼痛或不适也可能与不相关的刺激或行为相关联。

实例

- 患有膀胱炎的猫试图在猫砂盆里小便时可能会感到疼痛，并学会将猫砂盆与疼痛联系起来，从而导致家庭训练失败。
- 如果猫感到疼痛或不适，不想移动，或者当它没有胃口或对主人给予的食物不感兴趣时，它可能不太愿意回应呼唤。

参考文献

Bradshaw, J. and Ellis, S. (2016) *The Trainable Cat: How to Make Life Happier for You and Your Cat*. Basic Books, New York.

Davis, M. (1974) Sensitization of the rat startle response by noise. *Journal of Comparative and Physiological Psychology* 87, 571–581.

Ellis, S.L.H., Thompson, H., Guijarro, C. and Zulch, H.E. (2015) The influence of body region, handler familiarity and order of region handled on the domestic cat's response to being stroked. *Applied Animal Behaviour Science* 173, 60–67.

Lieberman, D.A. (1993) *Learning, Behavior and Cognition*, 2nd edn. Brooks/Cole, Belmont, California, USA.

Pavlov, I.P. (1927) *Conditioned Relexes*. Oxford University Press, London. Cited in: Lieberman, D.A. (1993) *Learning, Behavior and Cognition*, 2nd edn. Brooks/Cole, Belmont, California, USA.

Teigen, K.H. (1994) Yerkes-Dodson: A law for all seasons. *Theory & Psychology* 4, 525–547.

Weingarten, H.P. (1983) Conditioned cues elicit feeding in sated rats: a role for learning in meal initiation. *Science* 220, 431–433.

第二部分
猫应用行为学

本书的这一部分提供了有关如何改善猫科动物福利并帮助避免不良行为问题的具体建议。

尽管这些章节的标题是"对……的建议",但读者不用觉得只能阅读针对自己作为特定角色的章节,其他章节中的建议也包含着丰富的信息,并提供了如何实现良好的猫科动物行为福利的整体图景。

8 给繁育者的建议

　　繁育可爱的幼猫并且出售以此来获得收益，看似有着吸引人的发展前景，但在现实中，繁育幼猫并不总是简单和高收益的。怀孕和哺乳会对母猫的身体造成很大的压力。为了确保母猫和她的幼猫保持健康的状态，充足的知识储备、时间以及经济支持都是必不可少的。即使这样，产后并发症、幼崽夭折等都会给母猫的身体健康以及动物福利带来显著的负面影响。

　　读者可以参考本书第 5 章，获取更多相关信息。在开始繁育幼猫之前，任何繁育者都需要做好万全准备，可以向有经验、声誉好的繁育者、兽医、护士以及技术人员征求意见。某些权威组织会在网上发布有用的建议，如英国爱猫者协会（GCCF）（https://www.gccfcats.org/Breeding-Information）和国际猫护理机构（https://icatcare.org/advice/breeders）。

繁育者在预防行为问题方面的责任

　　大多数猫行为的塑造与养成都与它幼年时期所经历的事情以及获得的经验有关，也与胎儿期发育受到的影响有关。因此，繁育幼猫的很大一部分责任是让幼猫保持健康和形成良好的行为习惯，不论它是纯种猫还是混血猫。

母猫和公猫的选择

- 就行为表现方面而言，天生自信或者生性胆小都是与生俱来的（Turner 等，1986；McCune，1995）。因此，在选择种公猫和母猫时要倾向于选择那些有着好脾气、自信、友好以及社会化程度高的猫。

- 母猫不应该有任何不良的行为问题，因为幼猫会观察并学习母猫的这些行为，而且在很大程度上会表现出与母猫同样的行为。例如，那些在家里随地排泄，很少用猫砂盆或没有用过猫砂盆的母猫后代很难自己学会使用猫砂盆，且即使成年后也很有可能会在家里随地排泄。

- 公猫和母猫都应该是身体健康，没有任何已知遗传性疾病以及疫苗接种齐全的猫。
  - 传染性疾病和先天性疾病能够遗传给幼猫。
  - 怀孕和哺乳对母猫的体力需求很大并且会使本就不处于最佳状态的母猫变得更加虚弱。
  - 不健康的状态会增加产前压力（主要是怀孕母猫所承受的压力），而产前压力会直接或间接地妨碍幼猫行为的正常发展（Weinstock，2008）。
- 母猫和公猫都应该处于身体和行为的发育成熟期——至少18月龄到2岁。
  - 一只未成熟的母猫将不太会处理怀孕和哺乳带来的身体和心理的压力，因此，更有可能表现出产前压力。
  - 一只年轻且经验不足的母猫的育儿技巧通常都不太成熟。
  - 尚未成熟的母猫弃崽或者伤害幼猫的风险更大。

养一只种公猫

一些种公猫被当作宠物养在室内，但是大部分的种公猫都被关进户外的笼子里以防它们随地排泄，破坏房子以及随意与室内的母猫交配。被关进笼子所带来的隔绝与制约严重限制了公猫的探索和捕猎行为以及与人社交互动的机会。而这些行为的表达对于种公猫的身心健康发展至关重要。但是如果把种公猫养在笼子里是唯一选择的话，那么接下来的这些建议可能会对提高其福利以及减少不良行为的出现有帮助。

- 用猫围栏在花园里围出一片面积足够大并且有趣味性的区域，定期允许公猫到里面活动。
- 只要公猫没有攻击性，每天可以花一些时间陪伴它，并允许其他人与它进行互动（如果它具有攻击性，那么就要考虑它是否适合做繁育公猫）。即使幼年时对人类很友好，但如果长大后被孤立并且缺少与人类的互动，那么公猫对人类的恐惧和不信任也会与日俱增。
- 让它远离其他公猫。其他公猫的视线、声音和气味都很可能会增加它的竞争意识以及精神压力。
- 在笼子里的不同高度上放置一些丰富环境的物品（详见附录1），如漏食玩具、小家具或者攀爬架等，从而给它提供探索和攀爬的机会。

妊娠

减少产前压力

母猫在妊娠时所表现出的应激会造成应激激素的释放，并且这种激素会通过胎盘由母体传给未出生的幼猫，从而给未出生幼猫的行为发展以及身体发育带来潜在的负面影响（Weinstock，2008）。因此，减少孕期母猫的压力来源是很有必要的。

- 在受孕前以及整个妊娠期间都要确保母猫的身体、心理以及营养状况都是正常健康的。建议在母猫交配前以及妊娠期间，请兽医以及相关医护技术人员为它定期体检（图 8.1）。
- 营养不良的母猫很有可能会生出发育异常的幼猫（Simonson，1979，被Bateson，2000；Gallo 等，1980 引用）。产后护理时的不健康的状态以及营养不良会造成母猫提前为幼猫断奶，并且在断奶期间母猫很有可能对幼猫表现出攻击性。所以在妊娠和哺乳期间为母猫提供充足的高质量营养是很重要的。
    - 要确保母猫能够轻易地获取食物和饮水。提供额外的碗，并且将饮水的盘子放置在远离食物的位置。
    - 少食多餐。母猫的食欲很有可能会增加，但是它可能无法或者不愿意一次性吃得太多。
    - 确保食物能够满足母猫日益增长的营养需求，如营养均衡易食用的猫粮。
    - 研究表明，幼猫会对母猫在妊娠和哺乳期吃的食物表现出偏爱（Becques 等，2009；Hepper 等，2012），因此，把母猫断奶时吃的食物喂给幼猫是可取的。
    - 如果不确定如何选择正确的猫粮，建议咨询兽医以及相关技术人员。
- 避免与其他宠物发生冲突。

图 8.1 健康状况不良可能是产前应激的一个原因。建议在怀孕前和怀孕期间定期进行健康检查。

- 如果母猫经常与其他猫打架或者常受到家里其他宠物威胁的话，那么它不适合做繁育。这个问题解决后才可以考虑让它繁育后代。
- 在母猫妊娠期间和照看幼猫期间，不要将新宠物带入家庭，尤其是猫和犬。
- 避免或减少资源的过度拥挤或竞争（详见附录3）。
- 避免如下大环境的改变。
  - 重新装修。
  - 建筑施工。
  - 搬新家。
  - 长时间待在远离家的猫舍或环境中。
- 避免如下社交环境的改变。
  - 人们搬进或搬出。
  - 频繁或长时间的探访者。
  - 新宠物或来访的动物。
  - 假期或者任何主人或者看护者长时间不在家的情况。
  - 日常饲喂习惯的改变。
- 方便进入猫砂盆或者其他排泄区域。如果母猫行动不便，可为它准备额外的猫砂盆。
- 为它准备方便出入的舒服猫窝以及可以安全躲藏的地方。妊娠后期，它的行动力会降低，因此，它可能无法到达它原来觉得安全的高处。
- 避免周围环境温度的突然变化。
  - 使它居住的区域舒适温暖，但也要避免过热。
  - 不要将它关在户外严寒的环境中，或者酷热没有阴凉的环境中。
- 允许它掌控自己的环境和社交活动。
  - 不要限制它接触希望互动的地方、人和动物。
  - 允许它主动开展互动。不要强迫与之互动，并且要避免抱起它，以及过度抚摸和拥抱，尤其是陌生人或者是与它不亲近的人。

生产产房的准备

当预产期临近时，母猫会试着去寻找一处它认为最佳的生产地点（图8.2）。

- 给它提供2~3处不同产房的选择。
  - 给它选择地点的机会，接近家庭成员或者远离家庭成员。
  - 分娩后的几天或者几周时间内，母猫移动幼猫是正常的。如果为它提供了更加舒适的猫窝，那么它将幼猫转移到新猫窝的可能性就会增加。同样，原来的猫窝越舒适，那么它移动幼猫的次数就越小。

猫应用行为学

图 8.2　至少提供两个封闭的猫窝，确保温暖、安静、远离强光，避免限制母猫的行动。

- 猫窝应该在一处安静，不受外界打扰的地方。
- 环境应该干燥，温暖，无风。
- 一些重要的资源，如食物、水和猫砂盆等应该放置在猫窝附近且要容易得到，并且要与其他成员的区分开来。
- 避免强光。该区域最好永久性处于昏暗状态。
- 产房中要有干净、柔软舒适的垫料，这样对幼猫也安全。
    - 避免使用宽松的针织物或带孔的材料，以免幼猫被缠住。
    - 避免使用容易分解或松散纤维的材料。
    - 避免使用任何可能含有化学毒素的材料，例如，以前曾将其用于其他目的（如清洁）或储存在有害化学物质附近，如车库或花园小棚中（ISFM，2017）。

生产

即将生产的信号

- 食欲减少。
- 增加了对腹部和肛门生殖器周围的舔舐梳理。
- 喘气。
- 叫声增加，包括发出刺耳的声音。

生产过程中

- 密切观察以确保生产过程顺利，如有需要，联系兽医，否则尽量减少干扰。
- 保持环境处于昏暗、温暖和安静状态。

断奶前

- 在这个阶段，母猫不愿意离开幼猫，确保母猫能够轻易地获取到重要的资源，包括食物、水和猫砂盆。
- 在幼猫出生后的第一周，要确保母猫和幼猫尽可能地不受外界干扰。频繁以及严重的干扰会造成母猫和幼猫之间关系的恶化，母猫有可能会遗弃幼猫，甚至攻击幼猫。如果它感到幼猫受到了威胁，那么它也会对人类或者其他动物表现出攻击性。
- 不要限制母猫的行动。在断奶前，正常情况下，母猫至少会有一次将幼猫转移到新的猫窝。如果禁止母猫这么做的话，会给母猫造成不必要的负面压力。

断奶

- 自然断奶通常从 3~4 周龄开始。
- 幼猫会对母猫在妊娠和哺乳阶段吃的食物表现出偏好（Becques 等，2009；Hepper 等，2012）。因此，通常将母猫吃的固体食物软化后提供给幼猫会使断奶阶段变得更加容易。如果给妊娠和哺乳阶段的母猫以及幼猫提供多种不同风味的食物的话，将有助于减少幼猫长大后挑食的可能性。
- 在断奶阶段，母猫会本能地试着拒绝幼猫吮吸乳头，进而拒绝幼猫的靠近。为了协助断奶的过程，可以为母猫提供休息区域，在这个区域内，母猫仍可以看护幼猫，但是幼猫接触不到母猫。
- 如果母猫没有机会到户外去打猎并带回猎物给幼猫的话，可以提供一些小的、安全并且柔软的玩具给幼猫来替代真实的猎物。
- 不要干扰正常的断奶过程，除非迫不得已。如果幼猫在母猫进食的时候尝试吮吸乳，母猫很可能对幼猫表现出攻击性，除非母猫真的伤害到幼猫，否则就是正常现象。一只母猫如果体重偏轻，营养不良，或者幼崽数量太多的话，那么它很有可能会对幼崽表现出攻击性。所以要确保母猫身体健康，营养充足，从而防止母猫对幼猫表现出攻击性。

人工喂养

- 不要将幼猫和母猫分开，除非这是无法避免的。如果幼猫被迫与母猫分开的话，这会给幼猫造成很大的压力，从而给它的健康和行为带来长久性的不良影响（图 8.3）。

图 8.3　除非不可避免，否则不要将幼猫与母猫分开，挫折感是自然断奶过程的正常部分，人工饲养的幼猫可能不太会有这种经历，缺乏这种经历会导致以后生活出现行为问题。

- 从权威的资源中获得人工喂养的建议（如 https://icatcare.org/advice/hand-rearing-kittens）。

自然断奶 VS 人工喂养断奶

母猫发起的断奶过程会自然地给幼猫造成抵触感和沮丧感，这是因为它们吮吸母乳的可能性变小了，并且母猫护理幼猫的行为变得不可预测。母猫通过与幼猫保持距离以及采取不适合哺乳的姿势来渐渐地拒绝幼猫吮吸母乳。有时，当幼猫还在吮吸母乳时，母猫甚至会起身走开。幼猫在这个时期所表现出来的沮丧感是断奶过程中很重要的一部分，它的重要性主要体现在以下这两个方面。

（1）这种沮丧感驱动着幼猫到其他地方寻找食物，并且增加了幼猫尝试和学习捕猎行为的欲望。

（2）它能够教会幼猫如何处理在以后生活中遇到的挫折感。无法应对挫折感的幼猫更有可能承受较大的压力，并且在未达到预期或者预期的奖励来得稍晚时更容易变得具有攻击性。

当幼猫刚开始尝试追赶和猎杀母猫带到面前的活猎物时，幼猫也会有沮丧感。

与此相反，人工喂养并且由人类进行断奶的幼猫不太可能表现出相同程度的沮丧感，但是在以后的生活中可能会表现出与沮丧相关的行为。以下这几条建议也许能帮助阻止人工喂养的幼猫发生这类行为。

- 不要用手给幼猫喂食固体食物，因为这会让幼猫学会把手与食物联系起来。最好的方法是将固体食物与配方奶混合装在一个较浅的盘子里，并且逐渐地减少配方奶增加固体食物。
- 在断奶刚开始时，建议不要固定喂食时间，按需喂食。
- 当幼猫开始吃固体食物或混合了配方奶的食物，碗里还剩少量配方奶时，就撤走。

- 一旦幼猫习惯了进食固体食物，可以开始尝试着引进一些简单的漏食器和食物搜寻游戏（详见附录 1）（Bowen 和 Heath，2005；ISFM，2017）。

早期的经历

对于幼猫来说，最佳的学习阶段在 2~7 周龄（Karsh 和 Turner，1988；Knudsen，2004）（详见第 5 章），幼猫的饲养者或护理者有着确保幼猫做好充足的准备去面对未来生活的责任。

适应

害怕与惊恐的反应是对新奇事物或者不确定因素的一种正常反应，但是如果动物对它所经历的每一个景象以及声音都充满了恐惧的话，那么结果只能是增加它的压力并且降低动物福利。适应是一种自然过程，是动物学会意识到每天需要经历的情景、声音和气味都是无害的，因此，不需要对此做出反应。在幼猫的学习敏感阶段，对日常刺激的习惯会更加容易。

- 幼猫应该在与它们未来生活环境相似的环境中长大。作为家养宠物的幼猫应该在家庭环境中饲养，在那里它们可以经常体验并习惯日常家庭的景象、声音和气味。
- 幼猫在成年后可能会遇到的非日常生活环境的声音，如雷暴与烟花声，可以用播放录制声音的形式使其适应。这些声音在现实生活中通常大声且吓人，如果以真实音量播放录音，可能会增加恐惧（详见第 7 章"敏感化"），而不是适应它。因此，刚开始在播放这些声音的时候尽量调低音量，然后再渐渐地提高音量直到幼猫适应了这种声音。

社会化

在这个过程中，年幼的动物会产生社会性依附，并学会如何识别和发展同物种以及共同生活的其他物种成员的社会性行为。如果幼猫没有在敏感期经历过足够并且适当的社会化训练，那么它就可能不太适合作为家养宠物。

与其他猫的社会化

除了母猫外，与成年猫频繁和定期地积极接触可以增加幼猫成年后对其他猫的耐受性（Kessler 和 Turner，1999）。将幼猫与其他友好并且社会化程度高的成年猫养在一起是有利的。然而，更重要的是要确保这些成年猫不仅仅对幼猫友好，还要确保它们与母猫有着良好的关系。

与其他动物的社会化

与以后可能会共同生活的其他物种（如犬）进行定期积极的接触也是明智和可取的。与其他猫一样，饲养幼猫家庭中的犬也应该是社会化程度高，对猫和人友好，对幼猫不构成威胁并且能被母猫接受的。然而，需要特别注意的是由于不同品种和不同类型的犬之间存在着巨大差异，如果幼猫只与它体型类似的犬进行早期社会化训练，那么其效果将会有局限性。

与人类的社会化

如果将来要成为伴侣宠物的话，那么幼猫与不同的人进行积极的早期社会化活动是很有必要的。要在幼猫 7 周龄之前开始这种社交活动并正确地完成。过多的抚摸、粗暴或不适当的抚摸或者与幼猫不合适的互动都会导致母猫感受到威胁，更有可能会充满恐惧并且回避。以下内容改编自 Casey 和 Bradshaw（2008），可以用作指导如何抚摸幼猫的指南。

低于 2 周龄的幼猫

- 为了避免让母猫感到不适，幼猫应该只由母猫最亲近的人去进行最小程度的抚摸。

2 周龄的幼猫

- 只能由母猫认识并且信任的人去抚摸幼猫。
- 与幼猫轻声说话并且抚摸它们。
- 将每只幼猫单独抱起来放在手里抚摸，然后再将它放回到母猫和同窝幼崽身边。

3 周龄的幼猫

- 仍然需要只由母猫认识并且信任的人去接触抚摸幼猫。
- 与幼猫说话并且轻抚它们。
- 将每只幼猫捧在手里 30~60 秒，并抚摸幼猫全身。但如果幼猫或者母猫表现出不愉快，将幼猫放回窝内，或者让它坐在腿上，而不是继续待在手里。

4 周龄的幼猫

- 允许其他人抚摸幼猫。然而，如果是陌生人的话，需要先与母猫进行互动。如果母猫表现出恐惧或攻击性，可以给母猫一些时间去熟悉陌生人直到他们被允许去抚摸幼猫。但如果母猫继续处于恐惧和戒备的状态，可以在远离母猫的地方去抚摸幼猫，但要有同窝幼猫的参与。
- 可以逐渐增加每次抚摸的时长，每次为 2~3 分钟。

5 周龄的幼猫

- 将抚摸的时间增加到 5 分钟或更长时间，并引入逗猫棒等类似的玩具。
- 每天与不同的人重复多次。

6 周龄的幼猫

- 在 6 周龄的时候，当每只幼猫被捧在手里抚摸时，可以偶尔地短距离远离母猫以及同窝的幼崽。
- 玩耍玩具的时间增加。

7~9 周龄的幼猫

- 继续远离母猫和同窝幼崽，并玩耍和抚摸，其时间的长短和频率都可以增加。

抚摸幼猫的频率以及其他注意事项

- 幼猫需要大量的睡眠时间，它们也同样需要时间去和同窝的幼崽玩耍并且去探索周围的环境。因此，允许它们参与这些活动并且不要打扰幼猫睡觉是很重要的。
- 在 2~3 周龄后，每天需要多次短时间地抚摸幼猫总计不少于 30~60 分钟。
- 幼猫应该定期由至少 4 个不同的人抚摸，人数越多越好。
- 幼猫应该由不同年龄、性别以及不同外貌的人抚摸（图 8.4）。
- 如果幼猫由陌生人抚摸，特别是儿童，一定要有人在一旁监督，并且要指导他们如何正确地抚摸幼猫以及与之互动。
- 要时刻关心幼猫的健康以及警惕可能感染传染病的风险。
  - 在抚摸幼猫前洗手。
  - 在人的膝盖上搭一条干净的毯子或毛巾可以减少幼猫与陌生人衣服的接触。如果毯子或毛巾上有幼猫熟悉的味道，可以给予幼猫更多的安全感。
  - 任何与幼猫接触和互动的动物，特别是其他猫，必须是健康的并且是疫苗注射齐全的。

图 8.4 2~7 周龄的幼猫应该由不同的人轻轻地抚摸。抚摸时，尤其是婴幼儿，必须有人监督。

母性攻击

有时母猫的脾气会变得一反常态，且对那些想要靠近幼崽的人或动物表现出攻击性。如果事先让母猫熟悉要接近的人或动物，这种情况会有所减少。但如果母猫仍然充满恐惧并且保持攻击性，那么在与幼猫互动的时候应远离母猫，但要有同窝幼猫在场。这是因为幼猫会观察并学习母猫的反应，也会变得害怕并且具有攻击性。然而，当其与同窝幼崽待在一起时会增加幼猫的自信心。

表现出强烈攻击性的母猫不应该再进行繁育，因为它很有可能会重复这种行为。如果它的后代有雌性的话，也很有可能会表现出相同的行为（Meaney，2001）（图 8.5）。

新主人的教育

接下来两章的内容能够帮助新主人预防幼猫行为问题的发展，还会讨论医疗健康以及疫苗接种的重要性，并且强调如果不是专门用来繁育的宠物猫都必须进行绝育（详见附录 4）。遗憾的是，许多非纯种宠物幼猫是未绝育的母猫与野生或流浪公猫无意间交配的结果。通常没有办法确保公猫父亲的身体健康与性格性情。并且，大多数的"意外妊娠"发生在母猫的第一个发情周期，当时的母猫还很年轻，而且通常还只是一只幼猫。鉴于这些情况，妊娠和哺乳给母猫的健康、幼崽的行为健康以及动物福利会带来相当多的负面影响。

图 8.5 表现出严重的母性攻击性的母猫不应该再次繁殖。此外，她的幼猫应该被绝育，因为它们很可能表现出相同的行为。

参考文献

Becques, A., Larose, C., Gouat, P. and Serra, J. (2009) Effects of pre- and post-natal olfactogustatory experience at birth and dietary selection at weaning in kittens. *Chemical Senses* 35, 41–45. DOI: 10.1093/chemse/bjp080.

Bowen, J. and Heath, S. (2005) *Behaviour Problems in Small Animals: Practical Advice for the Veterinary Team*. Elsevier Saunders, Elsevier, Philadelphia, Pennsylvania, USA.

Casey, R.C. and Bradshaw, J.W.S. (2008) The effects of additional socialisation for kittens in a rescue centre on their behaviour and suitability as a pet. *Applied Animal Behaviour Science* 114, 196–205.

Gallo, P.V., Wefboff, J. and Knox, K. (1980) Protein restriction during gestation and lactation:development of attachment behaviour in cats. *Behavioral and Neural Biology* 29, 216–223.

Hepper, P.G., Wells, D.L., Millsopp, S., Kraehenbuehl, K., Lyn, S.A. and Mauroux, O. (2012) Prenatal and early sucking influences on dietary preferences in newborn, weaning and young adult cats. *Chemical Senses* 37, 755–766.

ISFM (2017) *How to Reduce Prenatal Stress. Module 3: Reproduction, Behavioural Development and Behavioural Health in Kittens*. International Society of Feline Medicine Advanced Certificate in Feline Behaviour. Available at: https://icatcare.org/learn/distanceeducation/behaviour/advanced (accessed 25 January 2018).

Karsh, E.B. and Turner, D.C. (1988) The human-cat relationship. In: Turner, D.C. and Bateson, P.(eds) *The Domestic Cat: The Biology of its Behaviour*. 1st edn. Cambridge University Press, Cambridge, UK.

Kessler, M.R. and Turner, D.C. (1999) Socialization and stress in cats (Felis silvestris catus) housed singly and in groups in animal shelters. *Animal Welfare* 8, 15–26.

Knudsen, E.I. (2004) Sensitive periods in the development of the brain and behaviour. *Journal of Cognitive Neuroscience* 16, 1412–1425.

McCune, S. (1995) The impact of paternity and early socialization on the development of cats' behaviour to people and novel objects. *Applied Animal Science* 45, 109–124.

Meaney, M.J. (2001) Maternal care, gene expression, and the transmission of individual differences in stress reactivity across generations. *Annual Review of Neuroscience* 24, 1161–1192.

Simonson, M. (1979) Effects of maternal malnourishment, development and behaviour in successive generations in the rat and cat. *Malnutrition, Environment and Behavior.*

Cornell University Press, Ithaca, New York, pp. 133–160. Cited in: Bateson, P. (2000) Behavioural development in the cat. In: Turner, D.C. and Bateson, P. (eds) *The Domestic Cat: The Biology of its Behaviour*, 2nd edn. Cambridge University Press, Cambridge UK, pp. 9–22.

Turner, D.C., Feaver, J., Mendl, M. and Bateson, P. (1986) Variations in domestic cat behaviour towards humans: a paternal effect. *Animal Behaviour* 34, 1890–1892.

Weinstock, M. (2008) The long-term behavioural consequences of prenatal stress. *Neuroscience and Biobehavioral Reviews* 32, 1073–1086.

9 给准宠物主人的建议

宠物与主人之间的关系对于人类和宠物都有益。对于人类来说，宠物能够给予陪伴、欢乐、娱乐甚至是健康上的益处（方格9.1）。对于伴侣动物来说，成为宠物能够获得稳定可靠的食物来源、安全的庇护所、兽医的照顾，以及免受捕食者的攻击和感染疾病的风险（Bernstein，2007）。

方格9.1 养宠物的健康益处

● 放松身心。

● 减少焦虑。

● 减少压力。

● 降低血压以及心率。

● 提高患有心脏病的存活率和延长寿命。

（Friedmann 和 Thomas 1995；Bernstein 2007；Dinis 和 Martins，2016；KanatMaymon 等，2016。）

然而，宠物与主人的关系也很容易破裂，或者从一开始就成为双方的压力源。当出现问题或者出现其他困难时，主人往往会先责备动物，但主人也有责任尽其所能避免潜在问题的出现。这个过程中，首先主人应该充分意识到养宠物应承担的责任，以及正确地选择宠物。

猫是最适合的宠物吗

猫可以成为许多人的完美宠物。猫可以提供情感寄托、陪伴，通常比犬需要更少的时间以及经济投入 。选择养猫是因为它看起来是一种简单、便宜的选择，这是非常错误的想法。拥有一只宠物猫仍然需要给予它很多的承诺，宠物主人必须充分意识到需要承担的责任（方格9.2）。

猫应用行为学

方格 9.2 养猫的责任

- 宠物主人需要保障宠物的安全、健康以及动物福利。这份责任需要持续宠物的一生，如果宠物是只猫的话，这份责任需要承担 15 年或者更长时间。

- 宠物主人有责任确保宠物拥有清洁的饮水，能够满足个体发育营养均衡的食物。

- 宠物主人有责任为宠物提供一个免受威胁、环境安全干净、能够躲避寒冷与潮湿的地方、能够躲藏、无风、不受干扰的休息场所。并且还需要提供足够的空间、高舒适度以及多样性的环境，让猫能够进行正常的行为。猫还必须可以很方便地进入合适的排泄区域。如果在室内提供猫砂盆的话，则必须定期清理猫砂盆，以降低疾病和相关行为问题发生的风险。

- 宠物主人有责任按照兽医的建议为猫提供预防性医疗保健服务，并为患有疾病或受伤的动物提供适当的专业兽医治疗。

- 不以繁育为目的的猫都应该在接近性成熟前后尽快绝育，以降低意外妊娠的风险，避免由于荷尔蒙的影响引发的意外或者反社会行为问题，例如，打架、尿液标记和嚎叫过度。

- 宠物主人有责任确保宠物猫不会对他人、他人的宠物或财产造成滋扰和损害。

- 当宠物猫不能照顾自己时（如由于疾病或假期），宠物主人有责任确保猫始终得到适当的照顾。还应确保后续照顾猫的人完全了解猫的需求和任何特殊癖好。绝不能将猫留给任何可能伤害或惊吓它的人。

- 如果宠物主人不了解宠物护理以及动物福利相关的任何方面，他们有必要联系如下具有专业知识以及资质的猫护理专家。

  - 兽医
  - 兽医助理、技术人员
  - 动物行为学家
  - 动物福利组织

在英国，未能满足宠物猫的动物福利需求或给猫造成不必要的痛苦会根据 2006 年颁布的《动物福利法》被起诉。

2006 年猫福利行为守则内容，详见如下链接：

https://www.gov.uk/government/uploads/system/uploads/attachment_data/file/69392/pb13332-cop-cats-091204.pdf

猫科动物相关法律法规：简单的英文版解读，详见如下链接：

www.thecatgroup.org.uk/pdfs/Cats-law-web.pdf

如果以下任何一个是想要猫的主要原因，那么猫可能不是最佳宠物选择

作为宠物的"第二选择"或作为犬的替代品

犬和猫是差异巨大的两种动物。当想要一只犬但无法拥有时，一时冲动养一只猫并不利于良好的宠物－主人关系的建立。如果无法为宠物犬提供长期的住所，通过去当地犬只收容所做志愿者来享受犬的陪伴可能会是一个更好的办法。

许多爱犬人士也同样喜欢猫的陪伴，但如果只有很少的养猫经验或者没有经验的话，最好尽可能地多去了解它们。在拥有自己的猫之前，最好可以去当地的收容所或养猫的朋友家与猫共度一段时间去了解熟悉它们。

小型宠物只需要小空间

实际上一些大型犬可能比小型猫需要更少的家庭空间，特别是当猫被养在室内并且去室外活动受限时。猫是很灵巧的动物，它需要足够的空间去奔跑与攀爬。它们也同样需要空间去休息以及在感受到威胁时有地方躲藏。所以，除了满足充足的地面空间外，它们还需要垂直空间，如家具顶部、架子、室内猫爬架等（详见附录1）。

食物、水和猫砂盆也需要空间，这些都需要分开放置。如果家中有不止一只猫的话，需要有彼此分开喂食和喂水的区域。并且有些猫喜欢在一个区域排尿，在另一个区域排便，所以即使是只有一只猫也可能需要至少两个放置在不同位置的猫砂盆。如果家中有多只猫，则建议每只猫都有一个常用猫砂盆以及一个备用猫砂盆。

作为一只需要很少经济投入的宠物

获得非纯种猫或幼猫的成本可能很低，有时甚至不需要花钱。但照顾猫，无论其品种如何，都可能很昂贵。

准宠物主人应该考虑他们不仅要能够支付食物、常规兽医护理和其他日常的开销（如猫砂、猫笼子和玩具等），还要能够支付得起猫舍费、因疾病或受伤而产生的意外看病费用。如果他们无法承担这些大笔意外的开销，是否能负担得起每年宠物的健康医疗保险费用？

作为礼物

除非接受者能够做出自己的选择，并且完全了解并准备好承担照顾动物的责任，否则不应将动物作为礼物赠送。即使是父母或监护人赠送宠物给孩子，

也应该知道他们需要为照顾宠物和实现动物福利做出多少贡献，即使在英国，直到孩子年满 16 岁，照顾宠物的法律责任还在父母或监护人身上。不同国家的法律责任年龄因当地司法管辖区而异。

作为现有猫的陪伴

猫是独居动物的后代，但家猫已经发展出与同类成员交往的能力。它们可以与其他猫建立密切的社会联系，并且确实可以从这种关系中受益。然而，家猫是否会接受另一只猫受许多因素的影响（详见附录 5），与另一只猫分享家庭、资源可能是压力的来源，并会让猫感到不舒服。正确地引进与介绍新猫能够增加新猫被接纳的可能性。但即使如此，也永远无法保证会发展出对双方都有益的关系。

失去亲密伴侣的猫也是如此。在 1995 年开展的调查中（Caney 和 Halls，2016），217 位宠物主人报告了失去同伴后猫的反应。大多数的报告中显示，健在的猫似乎没有受到影响，另一些则报告了消极的反应并且描述了猫的一些悲伤行为。

因此，为悲伤的猫提供一位新伙伴似乎是最好的选择。但是，即使这只猫曾和另一只猫一起住并且有一段亲密关系，也可能不太会轻易接受"陌生猫"，引入另一只猫可能会被它视为潜在对手，活泼而喧闹的幼猫可能会被视为威胁，反而会增加失去亲密伴侣的相关压力。有关如何帮助因为失去同伴或者人类伴侣而悲伤的猫的建议，参见附录 6。

做出正确的选择

一旦确定猫是适合的宠物，并且已经了解了养猫所需要的一切，下一步就是做出正确的选择，为自己找到合适的猫。

选择成年猫还是幼猫

流浪动物救助中心里到处都有待领养的猫，被救助的成年猫同样是一种有益而深情的动物，不亚于那些被救助的幼猫。成年猫特别适合老年人或者那些不太愿意应付活泼吵闹的幼猫的人。饲养宠物也意味着要承担照顾它一生的责任。如果饲养一只幼猫，这可能意味着需要肩负起 14~15 年甚至更久的照顾它们的责任（猫活到 20 岁出头的情况并不少见）。而领养一只年长的猫则会缩短照顾它们的时间，因此，对于可能无法长时间地专门照顾宠物的人来说是很可取的（图 9.1）。

图 9.1 领养一只年纪大一些的猫对于那些不太会应付活泼幼猫或可能无法承诺长时间照顾猫的人来说是一种更好的选择。

领养一只成年猫的主要缺点是不太容易找到有关它早年生活的信息，并且有些猫是由于在上一个家庭中表现出了行为问题而被遗弃在了救助中心。然而，猫科动物的行为问题往往与它们所处的环境有关。所以，在上一个家庭中表现出的行为可能不会在其他家庭中发生。

选择纯种猫还是混血猫

如果决定选择纯种猫或纯种幼猫，建议事先了解该品种。了解不同品种的特殊需求是很重要的，例如，长毛品种的猫需要定期清洁美容，以及需要注意任何遗传疾病的发生（更多信息参看：https://icatcare.org/advice/cat-breeds/inherited-disorders-cats）。

选择公猫还是母猫

如果猫在性成熟前后很快被绝育，则两性之间的差异很小。有趣的是，据报道，绝育的雄性比雌性更温柔亲切，但似乎没有科学证据支持这一点。

绝育与未绝育成年猫之间的行为以及未绝育雌性与雄性猫之间的行为都存在着巨大的差异（Finkler 等，2011）。大多数这些行为都是繁殖性行为的一部分（详见第 3 章和第 5 章），并且也都是宠物主人不愿意接受的行为，例如，尿液标记、打架和过度嚎叫。因此，绝育是必不可少的，不仅可以防止意外妊娠和改善个体猫的健康与福利，还可以防止不良行为的出现（详见附录 4）。

早期生活影响的重要性

读者可参阅第 5 章和第 8 章了解更多详细信息。

幼猫在断奶之前甚至出生之前发生的事情会对它今后的行为产生终生影响，并且可以左右幼猫未来的成长，幼猫长大后可能会成为友好、放松和友爱的家庭宠物或不友好、紧张、有着行为问题的猫。

性格特征如自信心和胆怯的程度可以从父母那里继承，母猫在妊娠期间的不良健康和福利会对幼猫的行为发展产生负面影响。幼猫在生命最初几个月的经历同样也非常重要。

社会化

年幼的动物，包括幼猫，需要在很小的时候就学会分辨哪些动物没有威胁，可以安全地待在身边。在 7 周龄前没有或者很少与人有着积极互动的幼猫可能会将人类视为潜在的威胁，并且在其一生中始终对人感到恐惧（Karsh 和 Turner，1988；Knudsen，2004）。

适应

对新奇的、不明景象或声音的恐惧反应是一种正常的防御行为，对生存至关重要。年幼的动物需要学会分辨哪些情景和声音是它日常生活中的一部分，这样它就不会处于持续恐慌的状态。适应这些情景与声音是一个学习的过程，被称为适应，这个过程需要发生在幼猫非常年幼并且仍然与母猫待在一起的时候。

需要遵循什么和需要避免什么

如果获得了一只幼猫

- 如果可以的话，试着去看一看幼猫的父母（即使这很难实现，因为有血统的种母猫可能生活在一定的距离之外，而非纯种猫的父亲通常是未知的）。幼猫的父母应该是健康、自信和友好的。

- 要确保能看到幼猫的成长环境。如果幼猫将来要成为家庭宠物的话，那么它从小应该被饲养在普通家庭住宅中，在那里它们能体验到日常家庭景象。被单独隔离饲养的幼猫，例如，饲养在屋外、外部猫舍或与其他家庭成员分开来的单独房间内，可能没有足够的早期经验来充分适应日常家庭景象或声音，不太适合作为家庭宠物。

- 如果幼猫饲养员或看护者允许与幼猫互动，他们可能会要求先清洁双手并指导如何与幼猫互动。但如果只允许观看而不能互动，也需谨慎。
- 如果幼猫能够与它周围友好的成年猫积极互动，这算是一个额外的加分项。在年幼时期与其他猫有过积极接触的幼猫长大后更有可能容忍其他猫（Kessler 和 Turner，1999）。
- 如果有犬或儿童（或者很有可能即将成为家庭中的一分子），建议选择幼猫时，要选择与犬或者孩子有过积极相处经验的幼猫。当幼猫与他们互动时，建议全程监督，确保幼猫在他们的陪伴下不害怕，以及确保犬和孩子不会对幼猫进行过度抚摸和粗暴对待。然而，同样需要注意的是由于不同犬种和体型之间存在着巨大差异，幼猫可能只习惯于那些与它幼年时期相处过的类似体型及品种的犬（图 9.2）。
- 多次与未来要饲养的幼猫互动是个好主意。这是因为幼猫在生命的前 2~3 个月内的行为会发生很多变化。在 6~8 周龄时，恐惧和逃避的反应开始出现，此时的幼猫相比其他发育期会显得更加胆小（Kolb 和 Nonneman，1975）。因此，多次与幼猫互动可以更准确地了解它的个性和脾气。

图 9.2　如果有犬或者正在考虑养犬的话，建议新来的幼猫定期地与犬进行友好积极的互动。但由于不同犬品种和类型之间存在巨大的差异，积极的社会化影响可能仅限于与它年幼时习惯的犬种类似的犬。

幼猫应该在几岁时离开母猫去新家

Cat Fancy 管理委员会（GCCF）建议至少等到幼猫 12~13 周龄时才能去新家。最近的一项研究表明，14 周龄可能是最佳的去新家的年龄，以此改善幼猫的福利，防止未来出现行为问题，例如，攻击性和刻板行为（Ahola 等，2017）。然而，许多非纯种的幼猫在大约 8 周大或者更小，6~7 周龄时就被出售或是转移到新家。幼猫在 6~8 周龄或许已经能够采食固体食物，但是不太可能在如此年幼的阶段做到完全断奶，并且也没有做好离开母猫的心理准备，这可能会导致在未来出现行为问题。

如果准备饲养一只成年猫或月龄大的幼猫

- 试着尽可能地了解猫的过去。流浪猫、很少与人有过积极互动经验或者不太适应家庭生活的猫，不合适作为家庭宠物。猫最终可能会适应，甚至与它的主人和家庭成员建立起亲密的感情，但它仍然有可能会害怕其他人。对于这样的猫来说，作为宠物在普通家庭中生活可能会给它造成巨大的压力。
- 确保有一定的时间与猫互动，选择表现出自信与友好，或者能够从最初的恐惧和恐慌中迅速恢复的猫。
- 如果选择了一只成年猫，特别是当家中还有其他猫时，要确保它已经绝育，疫苗接种齐全，无寄生虫，无疾病。

将猫带回家

母猫、同窝幼崽和熟悉的环境对幼猫来说代表舒适和安全，离开这个环境被带到新家会造成很大的应激。成年猫离开熟悉的家，也会感到压力。因此，让新猫顺利适应新家是帮助它安顿下来的重要环节。

- 在新猫或幼猫抵达新家的前几天，可以将一块含有新家气味的毯子带到其居住的地方，如繁育猫舍或救助中心。可以把毯子放在猫周围，让它提前熟悉新家的气味。

准备一个"安全屋"

为刚到新家的猫准备一个"安全屋"。安全屋应该是个安静，远离其他宠物（尤其是其他猫）、儿童、嘈杂的噪声和热闹的地方。

这个房间应该包含猫或幼猫需要的所有东西。

- 食物。
- 水——远离食物。
- 猫砂盆——远离食物和水。
- 舒适而温暖的窝。
- 玩具。
- 隐藏和"安全"的地方，例如，纸箱、家具下方或高处。
  安全屋应该位于新猫今后也可以轻松出入的地方。

到达新家

- 始终使用安全的专门用于运输猫的猫笼。将猫笼抱起靠近前胸，而不是只用手提着，因为走路时的"晃动"会让猫迷失方向和感到不愉快。
- 含有猫当前居住环境气味的毯子或垫料也应该放到猫笼子内随着猫一同到新家里。
- 如果用汽车运输，应该使用安全带或其他类似物品妥善固定猫笼，以防止其四处移动。
- 当到达新家时，将新猫直接带到事先准备好的"安全屋"内。
- 打开笼门，让猫自由地出入，不要将它抱出来或者强迫它出来。
- 允许新猫随意探索房间或躲藏起来。不要试图约束它或者强迫它从藏身之处移开。给它些时间慢慢适应。
- 将装有"熟悉气味"毯子的猫笼放在它的房间内。或者，如果它找到了满意的藏身之处，把毯子放在那里。
- 新猫在这个安全屋里安顿下来并感到放松后，再让它进入其他房间内。
- 如果家里有其他猫，参阅附录 5 以获取更多建议。如果有犬，参阅附录 7。

参考文献

Ahola, M.K., Vapalahti, K. and Lohi, H. (2017) Early weaning increases aggression and stereotypic behaviour in cats. *Scientific Reports* 7(1) DOI: 10.1038/s41598-017-11173-5.

Bernstein, P.L. (2007) The human–cat relationship. In: Rochlitz, I. (ed.) *The Welfare of Cats.Springer*, Dordrecht, The Netherlands.

Caney, S. and Halls, V. (2016) Feline bereavement. In: *Caring for an Elderly Cat*. Vet Professionals, Edinburgh, UK, pp. 113–117.

Dinis, F.A. and Martins, T.L.F. (2016) Does cat attachment have an effect on human health?A comparison between owners and volunteers. *Pet Behaviour Science* 1, 1–12.

Finkler, H., Gunther, I. and Terkel, J. (2011) Behavioural differences between urban feeding groups of neutered and sexually intact free-roaming cats following a trap-neuter-return procedure. *Journal of the American Veterinary Medical Association* 238, 1141–1149.

Friedmann, E. and Thomas, S.A. (1995) Pet ownership, social support and one year survival after acute myocardial infarction in the Cardiac Arrhythmia Suppression Trial (CAST). *American Journal of Cardiology* 76, 1213–1217.

Kanat-Maymon, Y., Antebi, A. and Zilcha-Mano, S. (2016) Basic psychological need fulfilment in human–pet relationships and well-being. *Personality and Individual Differences* 92, 69–73.

Karsh, E.B. and Turner, D.C. (1988) The human-cat relationship. In: Turner, D.C. and Bateson, P.(eds) *The Domestic Cat: The Biology of its Behaviour*, 1st edn. Cambridge University Press, Cambridge, UK.

Kessler, M.R. and Turner, D.C. (1999) Socialization and stress in cats (Felis silvestris catus) housed singly and in groups in animal shelters. *Animal Welfare* 8, 15–26.

Knudsen, E.I. (2004) Sensitive periods in the development of the brain and behaviour. *Journal of Cognitive Neuroscience* 16, 1412–1425.

Kolb, B. and Nonneman, A.J. (1975) The development of social responsiveness in kittens. *Animal Behaviour* 23, 368–374.

10 给猫主人的建议

早期对发育的影响，例如，遗传因素、早期生活压力源的暴露以及敏感期（2~7 周龄）的经历，确实会影响后续行为问题的出现（详见第 5 章和第 8 章）。但猫成年后所受到的影响同样重要。由真实或感知到的危险引起的恐惧或焦虑，或由于重要资源的竞争和表达正常行为机会不足而感受到的沮丧，会增加应激和猫的行为问题。这些行为不仅让主人感到不快，还可能表明猫行为和情感状况不佳。

管理猫的压力

家猫的应激是导致行为和健康问题的主要原因（详见第 6 章）。因此，了解宠物猫压力的最可能原因并管理猫的环境以最大程度地减少应激是家猫福利的基础，并降低出现行为问题的风险。

宠物猫应激的最常见原因如下。

- 表达自然行为的机会缺乏或不足。
- 认为资源不足或与其他猫资源竞争。
- 与其他猫发生冲突。
- 虐待。
- 反常或不可预测的饲养管理。
- 身体状况不佳。

室内饲养还是散养

关于是否应该允许宠物猫外出冒险或被限制在安全的家中存在很多争论。在允许猫自由外出的所有决定中也存在显著的文化分歧。在英国，宠物猫被允许外出并至少在一部分时间里可以随心所欲地散步的情况并不少见。但在世界其他地区，宠物猫被关在室内更为常见（Rochlitz, 2005）。

自由户外活动的主要优点是为猫提供了表达自然行为的最佳机会，如探索、狩猎和捕猎游戏。还可以让猫逃离可能存在持续压力源的家庭，例如，与其他家猫的冲突和竞争。

但缺点是它会使猫面临车祸、被其他动物捕食、与其他猫打架以及疾病风险增加等生命危险。家猫捕猎也给当地野生动物带来风险，在某些地区，法规限制宠物猫在户外活动（Grayson 和 Calver，2004）。如果允许猫在户外自由活动，训练它回应呼唤会非常有用（详见附录 9）。

关在室内的猫可以避免暴露在外面的危险，但表达自然行为的机会减少可能会损害行为福利，缺少足够空间和丰富环境的室内猫，行为问题的出现概率也可能会更大（详见附录 1 和附录 2）（Heidenberger，1997；Strickler 和 Shull，2014）。

半自由是介于在允许猫自由出入室外和完全室内饲养之间的折衷方法。

围栏区域

这应该是保证您的猫安全的绝佳方式，同时还能让它享受户外生活。

猫围栏

因为猫是小巧而灵活的生物，能够攀爬、跳跃和穿过小缝隙，所以可以用围栏围住整个花园或土地，以安全地限制猫的活动，这通常需要仔细的设计和考虑。专为防止猫跳过或攀爬而设计的围栏，无论是单独使用还是添加到现有的墙壁或围栏上，通常都能很好地发挥作用（图 10.1）。

电动围护系统

这是通过埋入电线的方式工作的，该电线将信号发送到猫佩戴的项圈。当猫靠近电线时，会发出警告声，如果猫继续朝同一方向前进，它会通过项圈收到类似于静电的"校正"刺激。这种静电通常会在一段时间后停用，因为猫学会了避开之前受到不愉快刺激的区域，因此，仅靠声音就足以阻止猫穿过无形的屏障。尽管该系统很受一些人的欢迎，他们反馈系统的效果很好，但重要的是要意识到可能存在与之相关的潜在害处。

- 它对敌对的猫或捕食者没有威慑或障碍。但对越过围栏的恐惧可能会阻止家猫逃到安全的地方。
- 虽然静电的设计是轻微的，但疼痛是一种主观体验，有些猫可能需要比其他猫更强烈的电击才能有效防止它们越过障碍。

图 10.1 将花园围住会很有用，但可能需要专业围栏。照片由 Protectapet（www. protectapet.com）提供。

- 另一个因素是猫越过障碍的动机。如果猫被某种东西吓到或被追赶，或者有很强的追逐猎物的动机，它可能会忽略警告信号，甚至静电刺激。如果它对于回家没有那么积极，可能会为了避免潜在的恐惧而拒绝回到家中。
- 猫对负面经历的敏感度和从中学到的东西可能各不相同。对于某些猫来说，静电的经验和与之相关的声音可能会带来很大的压力，这可能会导致广泛、剧烈的恐惧和焦虑。
- 在某些国家使用这些系统是非法的，在一些国家也正在接受审查。

专用猫笼

如果不可能在大面积上围栏，另一种选择是一个专门建造的猫笼（图
10.2）。该结构可以安装在房子上，允许猫通过猫门或大门直接进入笼子，或者
建造在离房子一定距离的地方，猫可以通过跑步进入或被主人带到那里。

图 10.2 专门建造的猫笼示例。照片由 Chris Stalker 提供。

如果猫不能随时回到屋子里，室外围栏应该包含猫需要的如下所有东西。

- 食物和水。
- 猫砂盆。
- 舒适的休息区。
- 避寒避湿，遮阳避雨。
- 多个藏身之处和高架区域。
- 适当的环境丰容（详见附录1）。

有关猫围栏和笼子的更多详细信息，可访问国际猫护理机构网站（https://icatcare.org/advice/fencing-your-garden）。

牵引绳和护具

有些猫能很好地适应佩戴牵引绳散步，在能够完全自由外出之前，这也是将幼猫带到户外活动让它探索领地的好方法。然而，并不是所有的猫都会接受佩戴牵引绳，有些猫会因受到约束而感到沮丧，而且，如果它们在散步时遇到真实的危险或感知到威胁却无法躲开，会感到越来越害怕和应激。

如果在猫年幼时（最好在1岁以下）让它佩戴牵引绳，那么成功的机会就会更大，并且应该使用称赞和食物来鼓励猫逐渐与牵引绳建立良好联系。确保牵引绳舒适且合身也很重要，在系上牵引绳并将猫带到户外之前，确保猫是放松的。

猫门

如果猫为了避开恶劣天气和其他猫等的威胁而外出或回到室内时，只能依赖人类打开猫门，这可能是宠物猫产生压力和感到沮丧的来源。安装一个猫门，让猫可以自由进出，这是一个理想的解决方案。但是，如果猫门让附近的猫也可以进入家中，或者如果自家猫将其视为入侵者的可能进入点，则猫门也可能成为压力和与其他猫发生冲突的来源。猫门的位置和安装的类型可以减少这个问题（详见附录8）。

绝育

绝育（详见附录4）对于允许在户外自由活动的宠物猫来说是必不可少的，也是减少压力和不想要行为的重要部分，例如，户外和室内猫的尿液标记行为和攻击性行为。未绝育的猫有可能走得更远，并与其他猫发生严重的争斗。如果允许未绝育的母猫自由外出，它很可能会怀孕。需要注意的是，虽然母猫第一次进入发情期通常是 6 月龄或更晚，但它们 4 月龄时也可能会进入发情期（Joyce 和 Yates，2011）。

寻找配偶或与对手战斗的强烈愿望会使猫忽视周围环境，因此，发生道路交通事故和其他生命危险的风险更高。打架还会使猫面临更大的疾病和受伤风险。绝育猫之间仍然可能发生冲突，但打架的频率和强度以及严重受伤的风险都大大降低了。

其他猫

与其他猫的冲突或对抗，无论是家里熟悉的猫还是外面的陌生猫，都是导致健康问题、打架、焦虑及室内尿液标记行为的常见应激源。

多猫家庭

猫与猫之间确实存在密切的社会联系，与一只或多只猫保持密切友好关系的宠物猫似乎确实享受其中并从中受益。然而，并不是所有生活在一起的猫都能相处得很好，即使关系看起来很友好，它们之间也可能存在对立和竞争，并成为压力的主要来源（详见附录 16）。此外，猫之间的亲密关系很容易破裂，且不容易修复。

有许多因素会影响多猫家庭中，猫之间关系的性质和质量，建议注意这些因素以维持多只猫的家庭和平。

猫之间压力和冲突的最常见原因是对食物、水、休息场所甚至猫砂盆等资源的竞争。附录 3 提供了有关如何管理生活在同一家庭中的猫之间的资源竞争的信息。

在家庭中增加另一只猫可能会导致严重的不安和潜在的长期压力，除非事先充分考虑，并以能最大限度地减少常住猫和新进猫的压力和冲突的方式进行（详见附录 5）。

附近的猫

允许户外活动是非常有益的，因为这是提供环境丰容和允许猫表达自然行为的最简单和最有效的方式。但外面也有很多情况会让猫感到害怕，例如，与狗相遇、不受欢迎的人的关注以及响亮或突然的噪声（如雷声、烟花等）。但最常见的压力源是附近的其他猫。有一些方法可以使花园和附近的区域让猫感觉更安全。

- 巧妙地放置灌木和坚固的栅栏可能有助于阻止其他猫进入花园，但完全阻止是很困难的。可以使用猫栅栏，但除非该区域完全封闭（图10.3），否则栅栏不会完全阻止其他猫进入，一旦进入该区域，它们将无法出去。据说如果邻近的猫进入该区域后回家的可行性要小很多，除非被释放否则无法出去。猫栅栏可以用来阻止其他猫进入，但是只有悬挂在靠近邻居一侧或改动他们那一侧的围栏才有效，所以这只能在邻居许可的情况下实现。
- 常住猫的主要压力来源是邻近的猫从高处俯视它们。因此，防止或劝阻其他猫坐在墙壁、栅栏或其他高大建筑物的顶部可以减少常住猫感到威胁的

图10.3 如果一个区域屋顶完全封闭，可以阻止其他猫进入。照片由 Protectapet（www.protectapet.com）提供。

猫应用行为学

可能。这可以通过沿着墙壁或围栏的顶部放置盆栽植物或类似物来实现，或者通过架设木制格子或专门制作的围栏来实现，但是，请勿使用可能导致猫疼痛或受伤的任何物品。

- 避免在花园里设置露台，尤其是在外围，因为这会为猫的竞争对手提供一个区域，让它们能够处于高处，从而对自家猫构成更大的威胁。

- 使用常绿浓密植物和大型物品，如花园家具、装饰品、户外猫爬树，甚至儿童游乐设施，可以在花园中为猫提供藏身或攀爬的地方，从而有助于增加它的安全感。

- 将低矮浓密的植物放置在常规出口处的外侧，可以提供一个区域，让猫可以在进一步外出之前躲藏和评估周围环境。

猫在室内时，来自外部的真实或感知到的威胁

如果其他猫能够进入室内或者可以通过窗户或玻璃门被看到，即使猫在室内也会感受到来自邻近猫的威胁（图 10.4）。

图 10.4 透过窗户看到其他猫对许多猫来说也是一种压力。

- 如果安装了猫门，请确保是仅供自家猫使用的专用类型（详见附录 8）。
- 将食盆、猫砂盆和休息区放置在远离猫门、门或窗户的地方，以免通过这些门或窗户可以看到其他猫。
- 如果通过玻璃门或窗户可以看到其他猫，可在窗户旁边放置盆栽植物或用窗户雾化膜，遮挡猫可以看到的区域（通常是玻璃下 1/3~1/2 的位置）。

猫、婴儿和儿童

家里有一个新生儿或儿童，特别是如果猫不习惯婴儿或儿童，可能是家猫产生压力的另一个主要来源。也可能出现猫因感受到威胁，咬伤或抓伤孩子的情况。附录 10 中提供了有关如何保护婴儿和幼儿安全以及如何将猫的压力降至最低的建议。

猫和狗

传统观点认为猫和狗是死对头，但猫和狗也很可能和睦相处。但狗始终是天生的食肉动物，虽然猫也是食肉动物，但它们体型太小，会被狗视为潜在的猎物。做出正确的选择并花时间让猫和狗和谐相处（详见附录 7）很重要。同样重要的是继续照顾和考虑猫的福利，以确保猫与狗住在同一个房子里时不会处于危险之中或承受持久的压力。

- 确保猫在屋内总有可以远离狗的区域。这可能涉及使用婴儿门或猫门来分隔"仅限猫"的房间或房屋区域。
- 确保有足够的高架区域，例如，高家具、架子、工作台或桌面，让猫可以跳到高处，远离狗。
- 确保猫的休息区域远离狗。
- 确保狗训练有素并受到控制，以便在必要时可以命令它远离猫。
- 注意猫的肢体语言（详见第 3 章），以便了解猫是否感觉受到狗的威胁。

避免家庭训练问题

在远离猫砂盆的地方排泄是常见的家猫行为问题。关于如何更好地避免或处理这个问题的建议可以在附录 11 中找到。

防止攻击人类

猫长着一口锋利的牙齿，4 只脚长着锋利的爪子，如果它们将这些"武器"

指向人类，会给人类造成相当大的伤害。因此，要了解为什么猫会变得具有攻击性以及可以采取哪些措施来预防人为因素导致的攻击行为。

捕猎游戏

猫是天生的猎手，家猫的大部分活动都涉及练习捕食技能。对猫来说很有趣的捕猎游戏，当针对人的手、脚或任何其他部位时，对人类来说就不那么有趣了。

- 不要鼓励猫玩耍手指或脚趾等。摆动手指引起幼猫追逐和"攻击"，是一种很难规避的行为，但这会告诉它们可以把人类当作"玩具"。此外，随着幼猫长大并变得强壮，拥有更大的力量，这种"游戏"对受害者来说会更加痛苦。
- 鼓励适当地玩玩具（详见附录 2）。
- 如果猫对你进行"玩乐性质"的攻击：①因为家猫的捕食性行为是由运动触发和鼓励的，最好尽量保持静止；②将猫转移向移动的玩具；③不要试图惩罚猫，因为这可能会导致猫变得具有防御性，从而增加攻击性。

防御侵略

当猫经历痛苦或恐惧，或预期痛苦和可怕的事情即将发生时，就会发生防御性攻击。因此，尽可能减少压力、恐惧和痛苦对于降低攻击的风险非常重要。

有良好生命开端、社交良好并且与人有积极社交经历的猫，无论是在幼猫期还是在之后的生活中，都不太可能害怕人或攻击人（详见第 8 章和第 9 章）。但同样重要的是，与人的积极社交体验会贯穿猫的一生。

- 不要试图以身体或任何可能使猫感到害怕的方式惩罚猫。
- 猫通常通过逃跑和躲藏，或者跳到高处来应对可怕的事件，它们在高处可以俯视感知到的威胁。如果它们无法做到其中任何一项，则可能会诉诸攻击性行为作为防御。即使人类不是恐惧的主要来源，如果猫没有其他应对方式，它们也可能会将攻击性重新定向到附近的任何人或东西上。因此，为宠物猫提供充足的逃生路线、藏身之处和进入高处空间的机会（如家具顶部、架子、桌子和工作台面）非常重要。
- 由于存在重新定向攻击的风险，请不要约束猫，不要试图在猫感到害怕或激动时通过抱起它来安抚它。

保持猫的健康

行为和疾病之间有很紧密的联系（详见第 6 章）。正常行为的改变可能是猫身体不适的第一迹象之一。处于疼痛或健康状况不佳的猫也更有可能承受应激并表现出行为问题。因此，让宠物猫保持良好健康对其整体福利很重要。

- 喂食健康、均衡、以肉类为主的饮食。最好听取兽医或技术员的建议，为猫提供最佳饮食。

- 及时了解疫苗接种、寄生虫治疗。建议使用兽医推荐的产品。还要确保只使用对猫安全的产品，猫的年龄和体型也需要考虑。

- 确保猫每年至少接受一次定期兽医检查。

在带猫去医院接受定期兽医检查时常会有一些困难，导致有时无法带出，甚至在出现疾病迹象时同样如此。第一个障碍可能是将猫放入航空箱并带它到兽医诊所。这可以通过训练猫将航空箱视为舒适和安全的地方，而不是令人恐惧和拒绝的东西来解决（详见附录12）。另一个问题可能是猫在就诊时的恐惧，这种恐惧会在每次访问时加剧，不仅会给猫带来很大压力，还会导致猫变得越来越难接受检查。

国际猫科医学会（ISFM）设立了一个全球计划，旨在帮助兽医诊所成为"猫友好诊所"，减少与就医相关的猫应激和恐惧源，这会使就诊容易很多。在美国，该计划被称为"猫友好实践"，已获得美国猫科动物从业者协会（AAFP）的许可（更多相关详细信息，请参见以下网址：英国和美国以外的国家／地区 www.catfriendlyclinic.org，美国地区 www.catvets.com/cfp/cfp）。

参考文献

Grayson, J. and Calver, M.C. (2004) Regulation of domestic cat ownership to protect urban wildlife: a justification based on the precautionary principle. In: Lunney, D. and Burgin, S. (eds) *Urban Wildlife*: *More than Meets the Eye*. Mosman, Royal Zoological Society of New South Wales, Australia, pp. 169–178.

Heidenberger, E. (1997) Housing conditions and behavioural problems of indoor cats as assessed by their owners. *Applied Animal Behaviour Science* 52, 345–364.

Joyce, A. and Yates, D. (2011) Help stop teenage pregnancy! Early-age neutering in cats. *Journal of Feline Medicine and Surgery* 13, 3–10.

Rochlitz, I. (2005) A review of the housing requirements of domestic cats (Felis silvestris catus) kept in the home. *Applied Animal Behavior Science* 93, 97–109.

Strickler, B.L. and Shull, E.A. (2014) An owner survey of toys, activities, and behavior problems indoor cats. *Journal of Veterinary Behavior: Clinical Applications and Research* 9, 207–214.

11a 给专业兽医的建议
第一部分——猫在诊所

近年来，家猫内外科方面的知识及专业技术有了极大的提高，养猫人群对猫保健重要性的普遍认识也有所提高。即使如此，最有爱心、最无微不至的猫主人也可能不愿意带宠物去兽医诊所进行预防性保健，或宠物受伤或生病时带宠物去医治。

这种不情愿通常是由于以下一个或多个原因造成的（Vogt 等，2010）。

- 把猫送到诊所面临的挑战。
  - 很难将猫放入航空箱，此过程甚至可能导致猫主人或操作人员受伤。
  - 猫在路途中表现出明显的痛苦。
- 在诊所检查猫有困难。
  - 如果猫带有侵略性，或难以接受检查，主人可能会感到尴尬或担心自己被认为是无能的。
  - 主人可能担心猫会对兽医工作人员或自己造成伤害。
  - 如果需要给猫注射镇静剂进行治疗或检查的话，可能会面临额外的费用。
- 猫看过兽医后，行为发生了不必要的变化。
  - 猫在看过兽医后，可能会对主人或其他家里养的宠物表现出攻击性。
  - 看过兽医后，多猫家庭猫之间的关系可能会受到严重的有时甚至是无法修复的损害。
- 同情猫。
  - 主人可能会觉得，看过兽医后可能存在的不良影响和痛苦超过了对健康的好处（Habacher 等，2010）。
- 对主人的压力。
  - 除了会给猫带来压力外，这种经历也会给猫主人带来足够的压力，他们可能会选择避免就诊或去其他任何他们觉得"对猫更友好"的地方（Cannon 和 Rodan，2016a）。

因此，努力让一切更轻松，增加主人为宠物寻求兽医护理的可能性是很重要的。此外，减少患猫的恐惧和应激同样重要。

- 经历恐惧和应激的猫更容易表现出基于恐惧的防御攻击，变得越来越难以应对。
- 应激可能延缓疾病损伤的愈合和恢复过程（Padgett 和 Glaser，2003；Gouin 和 Kiecolt-Glaser，2011）。
- 应激会显著改变体检和实验室检查的结果，导致错误的诊断和治疗（方格 11.1）。
- 应激会对猫科动物的健康和福利产生许多显著的负面影响（详见第 6 章）。

去诊所的路上

尽量减少猫在去诊所路上的应激，有助于减少诊疗过程中的应激和反应行为。诊所工作人员可以就如何更容易地运输猫以及如何减少相关的应激提供建议和指导（详见附录 12）。

候诊室

其他动物的视线、声音和气味以及与兽医诊所相关的刺激物会使候诊室成为一个让猫感到恐惧和高度紧张的地方，然而，有一些方法可以显著减轻这些应激源。
- 提供一个单独的猫专用候诊区。
  - 为患病猫提供一个单独的房间或为犬和猫安排单独的会诊时间。未使用的会诊室可用作猫专用候诊室。

方格 11.1　应激对生理和诊断参数的影响
- 心率变化——通常会增加，但如果是慢性应激的话，则可能减少。
- 呼吸频率增加。
- 碱化尿液（呼吸频率增加导致尿液 pH 值升高）。
- 直肠温度升高。
- 瞳孔散大。
- 高血压（血压升高）。
- 应激性高血糖（血糖升高）。
- 如果是慢性应激，白细胞计数就会升高。
- 腹泻或应激性结肠炎。

（Cannon 和 Rodan，2016a；Sparkes 等，2016）

- 如果无法提供，用警戒线隔离候诊室的一个区域作为猫专用区域。
- 如有可能，猫候诊区应远离犬候诊区，且其位置应确保犬无任何理由可以穿过猫的区域。如果空间有限，不能阻止犬类听到或闻到猫的存在，也应竖起坚固的屏障阻止它们看见猫。
- 提供猫架。
  - 当猫待在地面上的时候它们会感受到更多的威胁，特别是当它们被关在一个航空箱里同时被放在地面上时，这样会让它们无法摆脱感知到的威胁。处于高位能让它们感觉更有控制力，受到更少的威胁。但是，如果航空箱的位置让猫无法俯视另一个区域的犬类，则需要格外注意。
  - 接待处应提供犬触及不到的位置来放置航空箱，因为即使提供了单独的候诊区，犬猫仍可能在这里碰面。
- 提供毛巾或类似物品，可以拿来覆盖在航空箱上。
  - 猫的自然防御机制之一就是躲在黑暗的地方。在航空箱外覆盖东西可以大大帮助猫应对环境改变，并有助于减少恐惧和应激。这一点对于接待处而言尤为重要，因为在此处猫更容易遭受应激，如电话噪声、其他动物和陌生人的窥探。
- 提供一些可以让主人阅读的东西，如候诊室的电视或有趣且内容丰富的海报、杂志或宣传册。
  - 主人的行为和态度也可能会影响到他们的宠物。提供有趣的消遣物品可以帮助减少宠物主人的压力，特别是当他们需要等待比较久的时间或者是担心自己宠物的时候。
  - 这也有助于降低其他宠物主人窥探航空箱并试图与这只猫"交朋友"的风险。虽然这通常是一种善意的举动，但对有些猫来说，这种行为会让它们感到害怕，尤其是当猫被关在航空箱中无法逃脱的时候。
- 告知。
  - 提供单独的区域、架子和覆盖物是很好的主意，但如果主人不知道它们的存在或者不知道为什么提供给它们，那这些就没有用武之地了。接待处工作人员不可能总是能够或有时间解释这些事情，因此，应张贴清晰可见的宣传信息，以供主人参考，并鼓励他们使用这些设施。

预约

预约要比开放诊疗好得多，开放诊疗可能会导致等候室拥挤和等待时间漫长。每次预约的诊疗时间也应确保充足，让猫在必要时能够安定下来，并对其能进行温和、冷静和不慌不忙的操作。

与主人打招呼和交谈

所有诊所人员都应具备良好的沟通技巧，并努力以友善和富有同情心的态度与宠物主人打招呼和交谈。每次来访时，和他们友好问候和互动有助于建立与主人的关系和其对诊所的信任。

还应该认识到，主人可能正处于痛苦中，这可能是因为他们经历困难后才把猫带到了诊所，他们对兽医检查爱宠后可能出现的结果感到焦虑，也或许是他们刚刚收到关于宠物健康的坏消息。任何机构工作人员都不应被虐待或被威胁，但应意识到，主人所经历的压力和焦虑可能会影响他们的行为，导致他们缺乏耐心或容忍度，不愿意交流内心的担忧，以及回答基本问题，或者确认并理解工作人员的建议。压力甚至可能影响他们与宠物的互动。

因此，尽力为主人和就诊猫减少压力是全面护理的重要组成部分。

会诊室

- 猫会仅仅因为闻到狗的气味而感觉受到威胁，所以最好使用指定的"猫专用"会诊室。
- 对于有些猫来说，如果可以探索当下所处的新环境，它们更容易放松。因此，会诊室必须是防逃逸的，没有使猫被困住或受伤的缝隙和空间。
- 除了诊疗台，还应提供椅子，不仅可以让主人使用，而且也为检查猫提供了一个替代区，当它们坐在医生或主人的膝盖上时，可能会更放松也更易于接受检查。
- 会诊室必须足够大，能够容纳诊疗台、椅子和所有必要的设备，同时也要为兽医师、护士或技术人员及宠物主人提供足够舒适的空间。
- 会诊台上应该覆盖柔软、防滑、易清洁的材料。
- 为了减少兽医或护士离开和重新进入房间的频次，任何需要定期使用的兽医操作设备必须随时准备在会诊室内。
- 避免使用自动空气清新剂。这种空气清新剂的气味会让猫受不了，而且操作时还会发出"嘶嘶"的声音，让猫感到害怕。

操作和检查

应该采用最小限度的、温和的保定和操作（图11.1）。避免"抓提"（抓紧颈后松弛的皮肤）（图11.2）或其他粗暴的保定手段。这些做法，会导致疼痛、不适和恐惧，虽然其可能会是成功的保定手段，但长期的影响会增加猫的应激，和未来对操作人员的防御攻击。

操作

把猫从航空箱里面抱出来。

图11.1 温和处理。如果猫很抗拒，可以用毛巾把它包起来。

图11.2 永远不要抓猫的后颈背，除非不可避免。这种抓法可能会让猫感到不舒服和害怕，并增加猫变得具有攻击性的可能。

- 不要试图把猫从航空箱里面倒出来或抖出来，或把它从航空箱里面拔出来，或抓住它后颈背把它扒下来。

- 让猫适应后自己离开航空箱，或者用食物引诱它出来。如果把航空箱放在地面上，有些猫会感到更自在，也更愿意离开航空箱。

- 如果航空箱可以分为两部分，则拆掉上半部分，这样就可以很容易地将猫从下半部分抱出来。

- 如果航空箱里面铺了东西，和猫一起把它拿出来可以让猫更有安全感。

- 如果有必要，从后面靠近猫，轻轻地用毛巾把它包起来，然后把它抱出来。

- 一旦猫被移出航空箱，将航空箱放在远离猫的地方，最好是在猫能够直视的范围之外。如果航空箱在附近且在猫的视线范围内，它可能会试图退回到航空箱的安全地带，如果被阻止，它会变得焦躁不安。

- 如果航空箱有一个大的顶部开口，或者可以被分成两部分，猫在航空箱中接受检查时可以更容易，应激也更小（图 11.3）。如果猫是害怕和防御的状态，就用毛巾盖住它，只暴露需要检查的部位。

图 11.3　如果允许猫留在航空箱中，猫可能会更放松，也更容易检查。

检查

- 先从猫背对你开始。

- 抚摸猫，特别是面部皮肤腺体区域，即下巴下方、嘴角和额头两侧（详见第 3 章）。

- 用平静缓慢而有节奏的声音和猫交谈，与主人交谈时保持同样的节奏和语调。

- 避免发出"嘘"或类似的声音，猫可能会误解为低吼声。

- 避免快速、突然或不可预测的移动。

- 避免长时间的直接眼神接触。

- 总是从最不痛的部位开始，然后向更容易痛或不舒服的部位前进。
- 如果猫很抗拒接受检查，就用一条大毛巾将猫轻轻地包起来，但不要太紧，只露出需要检查的部位。
- 并不是所有的猫都会吃用来引诱它们的食物，但是对于那些会吃的猫更可能学会与兽医建立积极联系。因此，提供各种美味佳肴是一个好主意，尤其是幼猫，它们更喜欢吃食物，也不太可能已经在诊所有过不愉快的经历。
- 不要把检查限制在检查台上。其他位置可能会减少应激，如下为更容易做检查的地方。
  - 在主人的腿上。医生应该处于同一水平上，而不是俯下身去看猫。
  - 在医生的腿上。
  - 把猫放在椅子或长凳上，而医生则坐在猫的旁边，主人也可以一起坐在一旁。
  - 在地上。
  - 在一个高架上。
- 在检查或治疗后，允许猫自行回到航空箱中。
  编译参照 Cannon 和 Rodan，2016b。

住院治疗

察觉住院猫的应激

　　察觉到住院猫的应激是困难的，因为同样的行为也可能是由于疼痛、不适和仅仅感觉不舒服。然而，由于疼痛和疾病本身就是压力的来源，因此，有理由假设，有以下任何一种表现的住院猫就可能正在遭受应激。
- 活动量减少。
- 食欲下降。
- 减少睡眠或假寐（假装睡眠）。
- 缺乏自我理毛或过度理毛。
- 对游戏或培养感情不感兴趣。
- 隐藏或试图隐藏。
- 撤退到笼子后面。
　　猫在恐惧时也会表现出以下防御行为和警觉增强的迹象，特别是当接近它们和试图对它们进行操作或与它们互动时。
- 瞳孔散大。

- 耳朵向后扁平或向两侧。
- 警惕性提高。
- 立毛。
- 发声（咆哮、尖叫）。
- 攻击。

除了恐惧和焦虑，沮丧也是应激的一部分，所以在笼子里的猫有以下任何沮丧迹象（图 11.4）也应引起关注。

图 11.4　沮丧也是住院猫应激的一个方面。

- 过度发声。
- 连续或频繁地伸出前爪抓住笼子的栏杆。
- 破坏性行为（撕碎猫窝，推翻食盆、水盆或猫砂盆）（Gourkow 等，2014）。

由于应激对住院猫的疾病和康复存在负面和有害影响，因此，要尽量减少应激，这一点非常重要。

住处

- 最好有一个单独的猫病房，远离犬只的视线和声音，其位置应确保犬只不会穿过猫病房，也不必为了进入其他区域而要携带猫穿过犬病房。
- 猫病房还应与其他侵入性声音和活动隔离，如电话、警报、正在使用或清洁的金属工具或设备的声音，以及洗衣机等嘈杂的机器。
- 猫笼的设计或改装也应使其能够以最小的噪声或回声打开和关闭。
- 避免明亮或刺眼的照明，避免或覆盖笼子内的反射面。
- 病房应该是防逃逸的，有一个自动关闭的门，不存在会使猫受伤或被困住的缝隙或空间。
- 病房应保持恒温（20~25℃），但环境温度不宜过高。如果提供了单独的加热装置，例如，灯或加热垫，请确保它们是安全的，不会过热且不会将温度升高到令患猫不舒服的程度。

- 笼子应足够大，以容纳下列物品。
  - 食盆、水盆、舒适猫窝和猫砂盆之间应尽可能留足空间。
  - 可以给猫爬的高处，如架子或坚固的结构。
  - 一个藏身之处，例如，纸板箱、单面航空箱、有圆顶或高边的猫窝、改成猫窝的有盖猫砂盆、毛巾或其他类似物品披在合适的架子上以提供藏身。当清洁或猫在住院期间因笼内障碍物而可能受到伤害时，如在麻醉恢复期，以上物品应当容易取出。
- 笼子应足够大，但不能太深，否则很难将猫从笼子中取出。
- 最好把笼子放在住院猫看不见彼此的地方。如果无法实现，当猫表现出恐惧、焦虑或需要更多的感官隔离时，则可以用毛巾来覆盖笼门。
- 不应该把笼子放在地面上或放得太高以致很难接近或观察猫。这样做，也为尝试照顾它或把它从笼子里移出来增加难度，同时带来潜在危险。也使观察病猫变得困难。
- 避免使用任何有强烈气味的消毒剂、清洁剂或空气清新剂。

住院猫的护理

- 不可预测性是猫的主要压力源，所以要保持日常工作的可靠性。
  - 每天应在同一时间进行笼子清洁、喂食、梳理和对猫的一般护理，且最好由同一个人进行。
  - 日常治疗和检查时间也应一致，最好由非日常护理人员进行。
  - 也应要求主人每天在同一时间来探望。
- 使用从家里带来的带有熟悉气味的猫窝可以帮助增加猫的安全感。如果合适的话，请主人带上猫窝或使用航空箱里面铺的软垫。
- 也可以询问主人猫喜欢的食物和猫砂材质，特别当猫需要长期住院治疗时。也可以让主人带一些猫最喜欢的食物，并在猫采食的时候陪伴着它，特别是在猫不愿意吃东西的时候。
- 猫在被观察或看到其他猫在接受兽医检查或治疗时可能会承受巨大的压力（Wallinder等，2012）。因此，不要在其他猫或其他动物的视线范围内检查或治疗猫，也不要让它们看到其他猫在接受检查或手术。
- 当猫被关在笼子里时，其他不认识的猫去注视或接近它，这可能构成一个主要的压力源。因此，如果猫笼子被放在了地面上，就不应该允许其他猫在病房内自由行走。
- 如前所述，应继续保持温和、冷静的操作和保定。
- 应给予适当的镇痛以减少急慢性疼痛。

清洁笼子

猫在住院期间，应始终待在同一个笼子里。熟悉的医院笼子能让猫把它作为陌生敌对环境中的一个安全之地。为了做到这一点，在整个住院期间最好让猫待在同一个笼子里。应避免出于清洁或其他目的频繁地将猫从一个笼子放置到另一个笼子中，应在猫在笼子里的情况下进行清洁，具体如下。

- 一边用轻松友好的声音和猫说话，一边静静地靠近它。
- 要安静地开门。
- 尽量把门打开，以便清洁，但避免将门敞开，尤其是当猫有逃跑的意图时。
- 如果猫表现出友好且寻求关注，可以在清洁的时候抚摸它或与它玩耍。
- 如果猫害羞或害怕，让它退回到它的藏身之处，并在上面盖一条毛巾，以增加猫的躲藏能力和安全感。
- 如果无法在笼子里有猫的情况下清洁，例如，猫非常害怕，它很有可能会逃跑或攻击清洁笼子的人，可准备一个航空箱或与猫通常在笼子里藏身之处类似的东西，这样就可以将猫安全地关起来。然后，让猫躲进去，或者鼓励它躲进去，这样在清洁的时候就可以将其与猫一起移走。当把猫从笼子里转移到航空箱时，应该在航空箱里面铺一条最好是从笼子里拿出来的含有猫自身气味的毛巾，这会让猫感到安全。
- 尽量将猫的气味保持在笼子里。气味很重要，识别自己的气味可以让猫觉得所处环境熟悉和安全。因此，在清洁过程中，应注意不要采用以下"局部清洁"的方法去除这种气味。
  - 只有在猫窝脏到足以危害猫的健康时才更换或清洗。
  - 在笼子里放上多层猫垫可能会有所帮助，这样如果有一层垫子需要被移除时，其他含有猫气味的垫子可以被保留下来。
  - 清洁被尿液、粪便、血液或食物弄脏的区域，其他区域不要动，特别是那些猫可能是通过摩擦留下气味信号的区域。这些区域可能有棕色或黑色的轻微污渍。

把一只猫从医院笼子里拿出来

- 确保关闭所有门窗，堵住任何可能逃跑的路线。还应取出笼子里的猫砂盆、食盆和水盆。
- 在接近并试图把猫移走之前，先观察并评估猫的脾气性格（详见第3章）。
- 如果猫看起来平静、自在且友好，就从侧面安静缓慢地靠近它，并避免与它发生长时间的直接目光接触。

- 避免突然移动，也不要发出尖锐或吵闹的声音。
- 用平静且恰当的声音和猫说话。
- 伸出你的手让猫嗅一下，然后再去抚摸它。
- 如果猫很乐意被抚摸，且看起来很平静，那么就试着把它抱起来。先从下面很好地支撑它，再把猫从笼子里抬出来，安全地抱到你的怀里。
- 如果猫躲到它的藏身处，它感受到的压力就会小一些，工作人员也更容易连着盒子或窝一起把猫移走。
- 如果猫对被抓感到不高兴，并且没有退回到它的藏身处，可以用毛巾或猫的垫子轻轻地把它裹起来，然后再尝试把它移走。
- 如果猫有攻击性，最好戴上防护手套，以确保你的安全。
- 如果计划把猫放入航空箱，那么如果有可能的话，就用航空箱来替换猫藏身的盒子，然后温和地鼓励它进入航空箱。

住院后回家

当猫住院一段时间回家后，有时会出现一些问题。例如，这只猫可能很难重新适应回家后的生活，或这只归来的猫与家里面其他猫的关系可能已被破坏。这可能归结于以下任何一个或所有原因。

- 猫在受伤或手术后可能感觉到痛或不适。
- 在住院和回家的旅途中，猫可能仍处于高度紧张和兴奋状态。
- 这只归来的猫带有"兽医"的味道，这可能会从两个方面破坏它与其他猫的关系。
  - 如果其他猫曾在兽医那里有过不好的经历，它们可能会把这只猫身上的气味与潜在的威胁联系起来。
  - 回来的猫闻起来不再熟悉，因此，可能会被视为陌生者和核心领地的入侵者。
- 在家里几只猫被分开之前，它们之间可能已经是顺从容忍而非亲密的关系。任何先前存在的争锋以及对资源的竞争都有可能在分开一段时间后增加。

减少住院后出现问题的可能性

- 确保给猫开了适用且足够量的镇痛药和其他药物来缓解疼痛和不适。还要确保主人知道如何给药，并且会给药（详见附录13）。
- 尽量在住院期间减少猫的应激，并教宠物主人如何减少猫在路上的应激（详见附录12）。

- 如果猫在住院期间不需要用到航空箱，最好把航空箱放在家里，这样它就能保留住熟悉的家的气味。
- 当猫出院回家时，可以先把它安置在一个单独的房间里，暂时远离其他家庭宠物（出于医疗原因，这样做也可能是必要的），然后再把它当作一只新的猫慢慢地重新介绍给家里其他家庭成员（详见附录5）。
- 安装一个人工合成的猫信息素扩散器可能会帮助回来的猫安定下来。F3人工合成面部信息素扩散器最适合帮助猫适应回家，而增加一台安抚猫的信息素扩散器可能有助于促进出院的猫重新融入多猫家庭（详见第11章信息素疗法）。
- 还应注意限制猫之间的争锋以及它们对资源的竞争，平时这些问题可能不是很明显，但当它们被分开一段时间重新团聚后就会显现出来（详见附录3）。

国际猫护理组织制作了一些关于在兽医诊所与猫互动和对猫进行操作的优秀视频，可以通过以下链接访问：www.icatcare.org/cat-handling-videos。

参考文献

Cannon, M. and Rodan, I. (2016a) The cat in the veterinary practice. In: Rodan, I. and Heath, S. (eds) *Feline Behavioural Health and Welfare*. Elsevier, St Louis, Missouri, USA, pp. 101–111.

Cannon, M. and Rodan, I. (2016b) The cat in the consultation room. In: Rodan, I. and Heath, S. (eds) *Feline Behavioural Health and Welfare*. Elsevier, St Louis, Missouri, USA, pp. 112–121.

Gouin, J.P. and Kiecolt-Glaser, J.K. (2011) The impact of psychological stress on wound healing: methods and mechanisms. *Immunology and Allergy Clinics of North America* 31, 81–93.

Gourkow, N., LaVoy, A., Dean, G.A. and Phillips, C.J. (2014) Associations of behaviour with secretory immunoglobulin A and cortisol in domestic cats during their first week in an animal shelter. *Applied Animal Behaviour Science* 150, 55–64.

Habacher, G., Gruffydd-Jones, T. and Murray, J. (2010) Use of a web-based questionnaire to explore cat owners' attitudes towards vaccination in cats. *Veterinary Record* 167, 122–127.

Padgett, D.A. and Glaser, R. (2003) How stress influences the immune response. *Trends in*

Immunology 24, 444–448.

Sparkes, A., Bond, R., Buffington, T., Caney, S., German, A., Griffin, B., Rodan, I. (2016) Impact of stress and distress on physiology and clinical disease in cats. In: Ellis, S. and Sparkes, A. (eds) *ISFM Guide to Feline Stress and Health: Managing Negative Emotions to Improve Feline Health and Wellbeing.* International Cat Care, Tisbury, Wiltshire, UK, pp. 41–53.

Vogt, A.H., Rodan, I., Brown, M., Brown, S., Buffington, C.T., Forman, M.L., Neilson, J. and Sparkes, A. (2010) AAFP-AAHA feline life stage guidelines. *Journal of the American Animal Hospital Association* 46, 70–85.

Wallinder, E., Hibbert, A., Rudd, S., Finch, N., Parsons, K., Blackwell, E. and Murrell, J. (2012) Are hospitalised cats stressed by observing another cat undergoing routine clinical examination? *ISFM Proceedings* 2012. *Journal of Feline Medicine and Surgery* 14, 650–658.

11b 给专业兽医的建议
第二部分——建议宠物主人：
预防和治疗猫的行为问题

兽医专业人员，特别是护士／技术人员，可以从一个理想的角度去建议和指导宠物主人如何避免或管理猫的行为问题。但最重要的是自己要拥有丰富且权威的知识储备。希望这本书和书末推荐的阅读清单中其他书能对读者有所帮助，也可做进一步研究。国际猫医学会（ISFM）是一个声誉良好的组织，可以自由加入（https://icatcare.org/isfm-membership），并为兽医和护士／技术人员提供全球教育及信息资源，包括免费期刊。ISFM还为兽医和护士／技术人员开设了一门专门针对猫行为的远程教育认证课程（https://icatcare.org/learn/distance-education/behaviour/advanced）。相关的信息、建议和教育可以通过多种方式传递给宠物主人。

讲座

由诊所成员或特邀演讲嘉宾为宠物主人进行演讲，这可以作为诊所开放日或教育之夜的一部分，可针对特定群体如繁育者、养猫新手或普通养猫群体。除传递重要信息之外，这些会议还能为宠物主人提供一个机会，让他们与诊所人员见面并相互了解，有助于促进诊疗实践，增加与宠物主人的"联系"。

护士／技术人员行为会诊

这为向宠物主人提供一对一的建议提供了机会，并且当宠物主人需要演示和进行实操程序时最有用。
● 训练猫习惯被兽医检查（详见附录14）。
● 教宠物主人如何给猫用药（详见附录13）。

宣传册

预先准备好的宣传册可以补充讲座期间和行为会诊给的建议，可以帮助理解并记住口头指导。当时间只够提供粗略的建议时，宣传册就非常宝贵了，例如，在咨询其他问题时，或在接待处与宠物主人交谈时。但是，最好还是给宠物主人一些口头指导，因为不能保证他们会阅读宣传册。

为宠物主人准备宣传册

- 确保宣传册上的信息正确且来源可靠。除非得到作者的许可，否则不要直接复制他人的成果，要诚信，如有更改需要备注。
- 建议要简单、直截了当、易于理解。尽量避免使用术语，除非能提供一个简单的解释或定义。
- 用简短的段落或项目符号将文本断开。
- 加入图片和插图，可以使宣传册看起来更吸引人、更有趣、可读性更强。

行为急救

这是在进行全面的行为咨询前，向有行为问题的猫的主人提供的建议。行为急救建议的目的如下。

- 提供短期缓解；这些建议可能无法完全解决问题，也可能不适合长期使用，但在获得专业帮助之前，它可能会缓解问题的最坏方面。
- 防止问题恶化，例如，建议主人不要做任何可能加剧行为恶化或导致问题更严重的事情。
- 促进改善，例如，向主人解释为什么会出现这些问题，并消除迷信和误解；提倡适宜的做法，建议不要采取不良或无效的行动；帮助宠物主人在正确的方向上获得进一步的帮助和建议。

为什么需要提供行为急救建议

时间和资源限制

正确识别不良行为的原因，设计一个适当的处理方案，并将必要的信息和建议传递给主人，这可能是一项复杂且耗时的任务，通常需要做以下工作。

- 兽医检查以排除或治疗可能的疾病。

- 收集完整的行为和病史。
- 收集所有与猫环境相关的信息——可能需要家访。
- 充足的时间和丰富的猫行为学知识，能慎重地、灵活地、准确地提供建议。

一次完整的猫行为咨询的平均时长是 2~3 小时。当主人最初寻求帮助和建议时，兽医或护士 / 技术人员不太可能有时间和必要的资源为宠物主人提供充分的建议，所以需要急救建议。

宠物主人的预期

宠物主人可能没有意识到一次复杂完整的行为咨询的必要性，并期望行为问题能够迅速而容易地得到解决。他们也可能期望兽医或护士 / 技术人员完全了解猫的行为，尤其是当他们被告知，如果他们的宠物表现出行为上的变化，兽医诊所是首先要去的地方。其原因是行为改变可能是某种疾病的征兆，在开始全面的行为调查之前，需要对疾病进行排除或确认和治疗。

宠物主人的需求

- 养一只表现出不良行为问题的宠物可能会非常痛苦，尤其是当主人不了解产生这种行为的原因或不知道如何应对这种行为时。
- 宠物行为问题会导致宠物与主人之间的关系破裂，并对主人与家人、朋友和伴侣的关系产生破坏性影响。例如，如果屋里有猫尿味或者猫有攻击性，人们可能就不愿意上门拜访。伴侣可能会就应对猫行为的最佳方法进行争论，甚至包括是否愿意继续养这只猫。
- 猫的主人也可能因猫而遭受身体伤害，或财产遭受重大损失和随之而来的经济损失。
- 也有可能主人对这个问题已经忍受了一段时间，现在越来越迫切地需要获得帮助。为何之前主人没有寻求帮助，包括如下原因。
  - 没有意识到可以得到帮助。猫的行为问题尤其如此。
  - 不知道向谁或去哪里寻求帮助。
  - 已经尝试过来自朋友、家人、互联网或社交媒体的无效建议。

动物的需求

行为问题可能是行为和情感福利不良的标志，加上行为的变化可能意味着猫身体不舒服或正在遭受痛苦，而这本身可能是一系列身体状况的潜在或触发因素（详见第 6 章）。

有行为问题的宠物，也会增加下列风险。

- 被遗弃。
- 被丢弃在收容所。
- 被实施安乐死。
- 被虐待，通常是由于主人对宠物行为惩罚或训斥无效导致的。

提供还是不提供急救建议

- 宠物主人要意识到提供给他们的急救建议和一般建议可能无法完全或长期地解决他们面临的问题，这一点很重要。
- 提供给宠物主人的建议应源自信誉良好的机构，且是基于合理的科学原则。
- 诚实，并能意识到如知识、时间和资源等的局限性。
- 让宠物主人明白调查可能的潜在疾病的重要性。如果当时做不了，请与宠物主人预约后再实施。
- 不要指望诊断或"治愈"这个问题。当收集到问题的完整既往史时，可能要比其最初表现更加复杂或不同。
- 不要保证所提供的建议或产品的有效性。
- 使用宣传册（参见上述关于如何准备宣传册的指导，另见附录1）。
- 安排宠物主人及其宠物向合格且经验丰富的行为专家进行全面的行为咨询，无论是"内部"还是通过推荐。
- 直接引导宠物主人浏览有帮助且信誉良好的网站（例如，https://icatcare.org/advice/problem-behaviour；www.catexpert.co.uk/cats/）。

转诊或"内部治疗"

有时，简单的建议和增加主人对猫行为的了解就足够了；然而，猫的行为案例在严重性和复杂性上可能有很大差异，往往需要进一步的行为调查和会诊。可选择兽医机构或向外部行为学家咨询。影响这一选择的基本因素如下。

- 当地行为咨询转诊服务的可行性和质量。
- 执业机构应具备所提供的服务水平至少与现有转诊服务水平相当。
    - 在猫的行为方面有适当且充分的经验和资质。
    - 最好是上门拜访或到一个有适当装备的机构进行行为咨询。在兽医机构内，任何用于猫行为咨询的房间都应该是防逃逸的，这样猫就可以自由探索；有白板或类似物品，以便主人可以绘制家庭环境相关地图；为行为顾问、主人和所有参加咨询的家庭成员提供舒适的座位；有水、茶和咖啡机；且在会诊过程中不会被打扰。

- 应该有足够的时间。
  - 进行全面的行为会诊，可能需要 2~3 个小时。
  - 在会诊后为宠物主人准备一份完整的书面报告，详细分析行为问题和行为改进建议。
  - 根据需要向宠物主人提供持续的建议和支持。

英国皇家兽医学院（RCVS）的行为准则规定，当一个病例或治疗超出其权限范围时，兽医应予以承认，并准备好将其转介给具备必要技能和专业知识的个人（RCVS，2017）。虽然这主要涉及医疗或外科案例，但同样也应适用于行为案例。宠物主人及其宠物的最佳选择应始终是首要考虑的因素。

如果决定在"内部"处理一个行为案例，则必须对个体进行密切监控，如果行为问题在预期时间范围内增加或没有改善，或宠物主人有咨询机构无法解决的问题，则应提供转介的选项（如有）。

向谁求助

如果一个猫的行为案例要被转诊，应该给能提供更多相关教育、经验和实际帮助的人。重要的是，如果被转介宠物的人也不是兽医，转介兽医将保留照顾义务。因此，转介兽医和委托人都需要确保此人具有适当的资质，所提供的任何治疗或建议都是基于对行为根本原因的正确识别，并且评估和治疗都将基于科学和道德原则。然而，确定一个合适的人转诊猫行为案例可能会存在风险。

- 目前没有关于谁可以治疗伴侣动物行为问题的法律法规。给人印象深刻的头衔或对个人能力的声称并不足以证明他有必要的学历或相关经验。
- 应调查行为学家的资质，以确定该资质是否有效、相关以及权威。遗憾的是，这可能不是一项容易的任务，因为现在有许多课程能提供伴侣动物行为领域不同标准的资格证书。
- 动物行为团体组织成员的资格认证可以体现成员的教育背景和专业能力。然而，现有的一些组织对成员的要求各不相同。有些组织设置了严格的理论和实操标准，确保成员保证遵守行为准则，并通过持续专业发展（CPD）定期更新专业知识，这类组织的成员或认证的动物行为从业者，往往专业能力更强，声誉更好。
- 不同物种之间的行为类型和行为动机可能有很大差异。一些临床动物行为学家对多个物种的行为具有同等的知识和能力。然而，这并不适用于所有动物，仅仅因为以前已经证明或已知具备一个物种高水平的行为知识和经验，也不应该假定也具备其他物种同等水平的知识和经验。

动物行为和训练委员会

在伴侣动物福利委员会（CAWC）提交了一份概述监管必要性的报告之后，动物行为和训练委员会（ABTC）被发展成为动物训练员和动物行为治疗师的监管机构（图11.5）。委员会的创始成员包括国家和国际动物福利及动物行为组织，包括英国小动物兽医协会（BSAVA），欧洲动物福利与行为医学学院（ECAWBM），皇家防止虐待动物协会（RSPCA），犬行为与训练学会（TCBTS），动物行为研究协会（ASAB），英国兽医行为协会（BVBA），以及宠物行为顾问协会（APBC）。除了在与人的互动中促进动物福利和对动物饲养者的教育之外，ABTC还保持动物训练和行为从业者身份的国家登记，并表彰他们认为有适当资格履行这些职责的个人和组织中成员（www.abtcouncil.org.uk）。

从业者组织包括宠物行为顾问协会（www.apbc.org.uk）和国际动物行为顾问协会（IAABC；https://iaabc.org）。

图11.5 动物行为与训练委员会（ABTC）是一个监管机构，监管英国的动物训练员和动物行为治疗师。

行为药理学

精神药物，只能由兽医开处方，有时可以帮助减少或控制情绪反应，如恐惧、焦虑、兴奋、冲动和反应，从而有助于行为治疗。但是，如果不识别和正确处理行为的潜在原因，孤立地进行药物治疗，从长期来看，是很少完全有效的。

在英国，没有针对猫的精神药物许可，发表的治疗性临床试验也很少（DePorter等，2016）。因此，重要的是，密切监测为猫行为问题开的任何药物，以衡量改善和观察对健康的不良影响。在猫身上使用药物的缺点是给药困难，这本身可能是猫的一个压力源，因此，在评估可能的益处或其他情况时，给药困难以及使用哪种药物是主要考虑因素。

最常用的药物是通过作用于神经递质［主要是5-羟色胺、多巴胺、去甲肾上腺素、乙酰胆碱、γ-氨基丁酸（GABA）和谷氨酸］及其在中枢神经系统中的受体来影响行为（表11.1）。每种药物的确切机制各不相同，靶向的神经递质也不同，但它们的作用主要集中在通过神经突触从一个神经细胞传递到另一个神经细胞的信息传递（图11.6）。

表 11.1　精神药理学

	描述/操作	适用于	禁忌症和预防措施
三环类抗郁药（TCAs）例如，氯米帕明、阿米替林	阻断神经元突触对5-羟色胺和去甲肾上腺素的再摄取，从而增加可到达突触后受体的数量	重复性/强迫性行为，焦虑是情绪的组成部分	绝不应与单胺氧化酶抑制剂（MAOIs）一起给药。如果正在给予其他5-羟色胺增强药物或补充剂，应避免使用，或只在非常低的剂量下使用。已知癫痫病史的猫在使用时要小心
选择性5-羟色胺再摄取抑制剂（SSRIs）如氟西汀	选择性地阻断神经元突触对5-羟色胺的再摄取	表现出焦虑和冲动的行为	绝不应与单胺氧化酶抑制剂（MAOIs）一起给药。如果正在给予其他5-羟色胺增强药物或补充剂，应避免使用，或只在非常低的剂量下使用。已知癫痫病史的猫使用时要小心。
阿扎哌隆 如丁螺环酮	5-羟色胺受体激动剂。结合并激活突触后细胞中的5-羟色胺1A受体	焦虑、恐惧、胆怯和社会紧张的问题	有肝脏或肝脏疾病的猫慎用
苯二氮卓类药物 如阿普唑仑、氯硝西泮	GABA受体激动剂。促进抑制性递质GABA的作用，从而减少整个中枢神经系统（CNS）的神经传递。由于受下丘脑和边缘系统的影响而引起的行为改变	焦虑、恐惧、极度兴奋、惊厥和抗惊厥作用，起效快。可用于短期情况或需要数周才能达到完全治疗效果的长期维持药物联合使用	猫镇用。已报告致命性肝坏死病例。过量用药可导致患有肝病的猫出现严重的中枢神经系统抑郁
加巴喷丁	抑制兴奋性神经递质的释放，特别是P物质、谷氨酸和去甲肾上腺素。具有抗惊厥和镇痛作用	对过敏、焦虑或攻击性有用，尤其是伴随疼痛时	可能导致轻度镇静或共济失调，但一般耐受性良好。人用加巴喷丁制剂中的木糖醇（甜味剂）可能引起低血糖或肝毒性，因此，应避免
单胺氧化酶B抑制剂（MAOBIs），司来吉兰（司立吉林）	抑制单胺氧化酶B在中枢神经系统分解儿茶酚胺的作用，包括多巴胺、肾上腺素和5-羟色胺	可用于老年猫的认知功能障碍	不得与TCAs、SSRIs或其他药物联合使用，包括曲马多、甲硝唑、泼尼松龙或甲氧苄啶
甲地孕酮	一种强大的孕激素（荷尔蒙），可以延缓或阻止整个雌性猫的发情	用于治疗尿淋病，可以延缓或过了潜在的好处	常见的严重副作用包括体重增加、乳腺增生/肿瘤、血液病理异常和糖尿病风险增加

资料来源：Crowell-Davies 和 Landsberg, 2009；Gunn-Moore, 2011；DePorter 等, 2016。

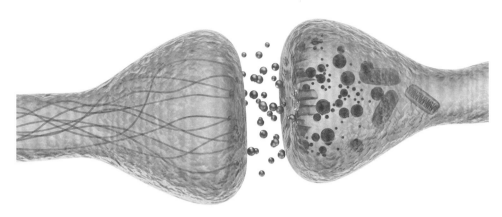

图 11.6 信息通过一个称为突触的小间隙，以化学形式从一个神经元传递到另一个神经元。这些被称为神经递质的化学物质，从轴突末端的突触前膜被释放出来，但不是全部都穿过突触间隙，因为有些被吸收回轴突末端（称为再摄取）。穿过突触间隙的神经递质分子与突触后膜的特定受体结合。

信息素疗法

气味是猫科动物信息交流的重要组成部分，信息素是一种化学物质，在同一物种的个体之间传递信息（详见第 3 章）。其中一些猫信息素的合成物可以买到，用来帮助猫应对压力源或潜在的应激情境事件，以及在行为问题已经存在的情况下协助行为治疗。

合成的面部信息素

已鉴定出 5 种猫科动物面部信息素（F1~F5），其中 F3 和 F4 是人工合成的。F3 已被确定与熟悉和安全区域的面部标记有关。这一部分的合成类似物以 Feliway Classic 的商品名销售，可作为喷雾器或插入式扩散器使用，应该安装在靠近猫喜欢休息的地方。喷雾剂含有一种可能会让猫不舒服的醇基，所以在使用喷雾剂和允许猫进入该区域之间应该间隔几分钟。有许多传闻称，当第一次插入扩散器时，猫会在扩散器上或附近留下尿液做标记。这可能是由于扩散器预热时的气味，或者猫在习惯信息素气味之前就将其视为一种威胁。为了避免这种情况，建议先将扩散器插到猫触及不到的电源插座上，然后在一天左右重新安装。

F3 作为喷雾或扩散器可在潜在应激环境下用于帮助减少猫的压力。

- 搬家：在搬家前一周左右，在老房子里插上一个扩散器，然后在带猫到新家前一两天，在新房子里插上一个扩散器。
- 旅行：在旅行前 10~15 分钟，在车上和车周围喷洒。

- 燃放烟花或其他潜在的可怕事件：在事件发生前几天插上扩散器。
- 环境变化，如装修、建筑工程：在工事开始前几天插入扩散器。
- 兽医/猫舍访问：在航空箱上使用喷雾剂；扩散器也可以安装在兽医诊所或猫舍。

  F3 还可以与具体的行为建议一起使用，以帮助解决如下行为问题。

- 任何与应激有关的行为变化。
- 尿液标记：在猫的尿液标记区域使用喷雾（详见附录15）。
- 抓坏家具：室内过度磨爪可能是由于应激所致；如果是这样，扩散器散发的气味可能有助于减少这种情况。另外，在不想被猫抓坏的地方喷上这种喷雾，也可以帮助把磨爪转移到其他地方。

F4 已经被鉴定为社会群体成员在物体摩擦和标记（在同一无生命物体上摩擦）过程中交换的气味。这种人工合成的产品以 Feliffriend 的名字销售，其设计目的是通过在操作者的手掌和手腕上摩擦产品来方便操作，并帮助将猫介绍或再次介绍给人类或其他动物，包括其他猫。然而，使用这种产品可能会有一个问题，因为猫的社交互动并不仅仅依赖于气味。因此，如果猫感知到的其他信号与信息素提供的信息不匹配，可能会引起它的挫败感和冲突感。

猫安抚信息素（CAP）

这是一种哺乳期母猫乳腺间沟分泌的信息素，它似乎有安抚和有助于凝聚同窝幼猫个体间关系，并增加与母猫的联系的作用。据报道，这种信息素对成年猫也有类似的作用（Cozzi 等，2010）。现已开发出一种人工合成物，并可作为插入式扩散器购买到。在英国销售的商品名是 Feliway Friends，在美国销售的商品名是 Feliway Multi Cat，可用于帮助多猫家庭中成员之间的介绍并减少成员之间的冲突。应该将扩散器放在屋内猫共享区域，最好是共享的休息区。

猫指间化学信息素（FIS）

在物体表面留下抓挠痕迹同样是猫交流的一种方式。除了视觉上的抓痕，脚趾间的指间腺体和足底（肉垫）上的腺体分泌物也留下了嗅觉标记（详见第3章）。这种化学气味已经被人工复刻出来，并以商品名 Feliscratch 在售卖。将它应用到合适的抓板或抓垫上，可能有助于将猫的磨爪行为转移到更容易被接受的物体表面。该产品含有一种蓝色染料，可以帮助模拟视觉标记，其中的猫薄荷作为引诱剂，吸引猫在涂有这种产品的物体表面抓挠。

补充和替代医学（CAM）

通常认为 CAM 不是传统医学的一部分，其涵盖了非常广泛的治疗方法和制剂，包括补充剂和草药产品（详见表 11.2），以及许多其他治疗方法，其中一些方法和疗法如下文所述。补充医学或治疗是指与传统保健一起使用的治疗方法。替代主流做法的治疗方法被称为替代疗法。

功效、质量和安全性可能千差万别，绝不能因为一种产品或方法是"天然的"就认为它是安全的。对于获得许可的药理学药物，需要大量的证据证明它们是安全有效的，但对 CAM 疗法或产品几乎没有类似的要求。

顺势疗法

1796 年，Samuel Hahnemann 提出了顺势疗法的三大原则。

第一个原则是"同样的制剂治疗同类疾病"，换句话说，一种物质能在健康个体中引起特定症状或体征，这种症状与特定疾病或失调所引起的相似，此物质将治愈或缓解患有这种疾病的症状。例如，据说咖啡豆疗法可以治疗失眠，洋葱疗法可以治疗感冒症状。

第二个原则适用于药物的制备，包括连续稀释，通常直到无法检测到原始物质为止，但据说水能保留对原始物质的记忆，稀释度越高，药物的效力越强。

第三个原则也适用于制剂，被称为"振荡法"，这是在稀释的每个阶段剧烈摇晃或敲击的一种特殊形式，也被认为可以增加药物的治愈能力（Lees 等，2017a）。

花精疗法

这些是用白兰地保存并用泉水稀释的植物和花卉的浸液。与顺势疗法一样，最终制剂中植物提取物的浓度是无法检测的，但也有人声称，水保留了对这种物质的记忆。Edward Bach 博士（1886—1936）最初创建了花精疗法，他认为疾病是由消极心态引起的，这使得花精疗法在动物行为问题治疗上很受欢迎。其中最受欢迎的治疗方法，是"拯救疗法"，也可用于宠物，这是 5 种花精疗法的组合，旨在减少潜在应激情况下的焦虑和压力。尚无研究表明这些疗法与治疗效果相关，在一项随机、双盲的人类治疗试验中，未发现拯救疗法效果优于安慰剂（Armstrong 和 Ernst，2001；Lindley，2009）。

表 11.2 可能有助于行为治疗的营养品*和草药补充剂示例（引用于 DePorter 等，2016）

补充剂	工作机制	适应症	预防措施
α-卡索西平，从酪蛋白（牛奶中的一种蛋白质）中提取的营养物质	据报道有类似于苯二氮䓬类药物的抗焦虑作用	恐惧、焦虑、应激	未见报道
色氨酸，一种必需氨基酸（蛋白质的组成部分之一）和膳食中 5-羟色胺的前体	可能增加 5-羟色胺的可用水平或增强其传递	焦虑、应激	与提高 5-羟色胺水平的药物同时使用是否会增加 5-羟色胺综合征**的风险
茶氨酸，一种在绿茶中发现的氨基酸，其化学结构与谷氨酸相似	可能会阻断谷氨酸的作用，增加 GABA。它的优点是对猫来说适口性好	恐惧、焦虑、应激	未见报道
二十二碳六烯酸（DHA）和二十碳五烯酸（EPA），多不饱和脂肪酸	对早期大脑和视网膜发育至关重要，并有助于维持成年个体的大脑功能	促进幼猫大脑和视网膜的健康发育，并改善老年猫的认知功能	
缬草，一种草药，缬草粉末	通常与其他草药以片剂或液体形式制成，用于口服，或以喷雾或扩散器制成，用于环境应用。有镇静作用	焦虑、恐惧、应激、兴奋、怯懦和晕车	避免高剂量，这可能导致胃肠道反应、体重增加、免疫功能改变和伤口愈合不良（Lennox，1993）
猫薄荷，一种草药，荆芥	活性成分是精油荆芥内酯，它通过嗅球影响中枢神经系统。不会影响所有猫（只有 50~70%），影响可能是不同的，受影响的猫表现出广泛的类似行为	鼓励玩耍和帮助丰容。可用于鼓励在合适的物体表面抓划	可能会增加兴奋，导致短期攻击性。猫薄荷中毒也有报道

* 营养品是一种食品或食品衍生物，据说具有药用或保健作用。

** 5-羟色胺综合征是一个术语，用来描述如果 5-羟色胺水平或可用性过度增加，可能出现的潜在致命情况。

动物生药学

动物生药学提供一系列以植物为基础的物质，允许动物从中"自主选择"来进行自我治疗。如果动物表现出所谓的"阳性反应"，包括广泛的非特异性行为，如嗅探、眨眼、静止或远离某样物质，则允许或鼓励动物吃了它，或应用于动物身体局部，可以使用精油。

这种做法是基于观察发现，野生动物偶尔会吃已被证明对它们的健康有益的植物或其他物质，例如，灵长类动物摄入具有驱虫（抗寄生虫）特性的植物和含有高岭土样物质的黏土（Mahaney 等，1996）。这种行为最有可能是该物种几代通过反复试验和观察学习其他个体而形成的。然而，除了摄入可能有益的植物和矿物质外，野生动物也会食用导致严重毒性的植物或其他物质（Robles 等，1994），这在伴侣动物中也绝非罕见。对猫使用精油也要小心，因为精油有潜在的毒性。

针灸

针灸是一种来自中国传统医学的治疗方法，指将细针插入身体的特定部位。研究表明，这种做法可能通过刺激神经系统产生治疗效果。它可能通过帮助缓解慢性疼痛等引起的身体问题间接地有助于治疗行为问题，也有资料表明，在针灸刺激后可能会释放血清素、去甲肾上腺素、内源性安定剂和催产素（Lindley，2009）。

芳香疗法

对人，芳香疗法用于影响情绪并产生幸福感，理论上是通过控制情绪反应的下丘脑和边缘系统起作用（Lindley，2009）。

薰衣草精油已经被证明可以用于平息犬因旅行而引起的兴奋，但尚不清楚这是否真的应归功于芳香疗法效果，还是由于强烈的气味分散了具有高度敏锐嗅觉的动物的注意力（Wells，2006）。一项评估包括薰衣草在内的各种气味对收容所中猫的影响的研究发现，猫对猫薄荷的气味更感兴趣，与薰衣草相比，猫对猎物（兔子）的气味表现出更多的兴趣（Eillis 和 Wells，2010）。

TTouch 手法

运用 Feldenkrais 人类运动疗法的原理，据说能够改善身体运动和心理健康，TTouch 手法是由 Linda Tellington-Jones 于 1978 年开发的，是人对动物一种特定的，能对中枢神经系统产生影响的接触和训练方法。人体按摩已被证明会降低皮质醇水平并增加血清素和多巴胺的水平（Field 等，2005），类似的效果也可能发生在动物身上，这可能对与压力相关的负面情绪有有益的影响（Cascade，2012）。TTouch 是否优于按摩技术尚有争议；然而，从业者经过培训可以观察动物的反应，旨在确保以一种令动物愉悦且对其最有益的方式进行治疗。

CAM 的有效性和安全性

针灸和 TTouch 手法似乎有一些科学合理的作用机制，但其他方法都是有争议的。尽管如此，辅助治疗越来越受欢迎，从业者和狂热者经常声称它们是有效的。然而，它们在兽医学和动物行为治疗中的应用是有争议的，因为显然成功的治疗案例也可归因于其他因素（参见安慰剂效应）。顺势疗法成功与否与治疗医生有关，真正的顺势疗法医生会提出整体的治疗方案，并就饮食和饲养提出有效的建议。

这些疗法的追随者还声称"至少它们没有伤害"，就某些疗法而言，这可能是正确的，尤其是顺势疗法和花精疗法中使用非常高的稀释度。然而，并非所有顺势疗法药物都以高稀释度给药，如果以更浓缩的形式给药，原料可能具有潜在危险（Lees 等，2017b）。在动物生药学上很可能存在潜在危害。仅仅因为动物选择进食或与某种物质密切接触，并不能保证它对它们无害。猫尤其如此，因为有很多植物及其衍生物对猫有毒（请参阅：https://icatcare.org/advice/poisonous-plants）。另外，因为猫是食肉动物，猫缺乏分解有害化学物质的肝酶，所以一旦猫摄入了有毒物质，它通常很难自行解毒。即使该物质没有喂给猫而只是涂在皮肤上，猫常规的梳理行为通常也会导致该物质被摄入。

这些疗法有害的另一种可能是，如果它们被用作替代而不是与传统治疗一起使用，这可能会延迟或阻碍动物获得必要的传统兽医治疗或行为治疗。

安慰剂效应

安慰剂效应是指健康、行为、体征或症状有所改善，但不能归因于所进行的治疗。在药物试验期间，试验群体通常会服用一种安慰剂（没有功效的药），这种安慰剂在所有其他方面都与"真"药相似，只是它不包含治疗特性。尽管如此，大量接受安慰剂的人会报告他们的症状有所改善。因为人对病况改善有所期望，但是，动物没有。然而，一些作者和研究报告说，安慰剂效应或非常相似的情况确实发生在动物身上（McMillan，1999）。简单的巧合也可能是一个因素，即动物的健康或行为无论如何都会得到改善，另外，特别是在动物行为领域，"间接或替代效应"发生的可能性很高，因为动物行为问题被触发或与主人的行为密切相关（Lees 等，2017）。换句话说，当动物"接受药物治疗"时，主人不再需要做出可能触发动物行为问题的事，导致问题得到改善。例如，当主人怀疑猫即将在家具上喷尿时，他可能会觉得有必要对猫大喊大叫，但正是主人对它大喊大叫才触发了它尿液标记的行为。一旦猫服用药物来"治愈尿液标记"，主人就不再觉得需要对猫大喊大叫，因而猫的行为问题就解决了。

安慰剂效应尚未完全明确，但有一些理论解释了为什么动物在没有使用药物及常规治疗的情况下，健康或行为得到改善。

参考文献

Armstrong, N.C. and Ernst, E. (2001) A randomized, double-blind, placebo-controlled trial of a Bach Flower Remedy. *Complementary Therapies in Nursing and Midwifery* 7, 215–221.

Cascade, K. (2012) The Sensory Side of TTouch. Available at: http://www.ttouchtteam.org.uk/ArtKathyCascadeSensory.shtml (accessed 31 January 2018).

Cozzi, A., Monneret, P., Lafont-Lecuelle, C., Bougrat, L., Gaultier, E. and Pageat, P. (2010) The maternal cat appeasing pheromone: exploratory study of the effects on aggression and affiliative interactions in cats. *Journal of Veterinary Behavior: Clinical Applications and Research* 5, 37–38.

Crowell-Davies, S.L. and Landsberg, G.M. (2009) Pharmacology and pheromone therapy. In: Horwitz, D.F. and Mills, D. (eds), 2nd edn. *BSAVA Manual of Canine and Feline Behavioural Medicine.* BSAVA, Gloucester, UK, pp. 245–258.

DePorter, T., Landsberg, G.M. and Horwitz, D. (2016) Tools of the trade: Psychopharmacology and nutrition. In: Rodan, I. and Heath, S. (eds) *Feline Behavioural Health and Welfare.* Saunders, Elsevier, Philadelphia, Pennsylvania, USA, pp. 245–267.

Ellis, S.L. and Wells, D.L. (2010) The influence of olfactory stimulation on the behaviour of cats housed in a rescue shelter. *Applied Animal Science* 123, 56–62.

Field, T., Hernanadez-Reif, M., Diego, M., Schanberg, S. and Kuhn, C. (2005) Cortisol decreases and serotonin and dopamine increase following massage therapy. *International Journal of Neuroscience* 115, 1397–1413.

Gunn-Moore, D. (2011) Cognitive dysfunction in cats: clinical assessment and management. *Topics in Companion Animal Medicine* 26, 17–24.

Lees, P., Chambers, D., Pelligrand, L., Toutain, P.-L., Whiting, M. and Whitehead, M.L. (2017a) Comparison of veterinary drugs and veterinary homeopathy: part 1. *Veterinary*

Record 181(7), 170–176. DOI: 10.1136/vr.104278.

Lees, P., Chambers, D., Pelligrand, L., Toutain, P.-L., Whiting, M. and Whiteghead, M.L. (2017b) Comparison of veterinary drugs and veterinary homeopathy: part 2. *Veterinary Record* 181(8), 198–207. DOI: 10.1136/vr.104279.

Lennox, C.E. and Bauer, J.E. (2013) Potential adverse effects of omega-3 fatty acids in dogs and cats. *Journal of Veterinary Internal Medicine* 27(2), 217–222.

Lindley, S. (2009) Complementary therapies therapy. In: Horwitz, D.F. and Mills, D. (eds) *BSAVA Manual of Canine and Feline Behavioural Medicine*, 2nd edn. BSAVA, Gloucester, UK, pp. 259–269.

Mahaney, W.C., Hancock, R.G.V., Aufreiter, S. and Huffman, M.A. (1996) Geochemistry and clay mineralogy of termite mound soil and the role of geophagy in chimpanzees of the mahale mountains, Tanzania. *Primates* 37, 121–134.

McMillan, F.D. (1999) The placebo effect in animals. *Journal of the American Veterinary Medical Association* 1, 992–999.

RCVS (2017) Code of Professional Conduct for Veterinary Surgeons. Available at: www.rcvs.org.uk/advice-and-guidance/code-of-professional-conduct-for-veterinary-surgeons (accessed 31 January 2018).

Robles, M., Aregullin, M., West, J. and Rodriguez, E. (1994) Recent studies on the zoo-pharmacognosy, pharmacology and neurotoxicology of sesquiterpene lactones. *Planta Medica* 61, 199–203.

Wells, D. (2006) Aromatherapy for travel-induced excitement in dogs. *Journal of the American Veterinary Medical Association* 229, 964–967.

12 给其他猫看护人的建议

不仅仅只有宠物主人、饲养员和兽医工作者会涉及照顾猫的工作，其他涉及此类工作的人还包括猫舍主人／工人、收容所工作人员、猫保姆和任何与最近兴起的猫咖啡馆相关的人员。诚然，所有这些角色都值得拥有自己的"建议"章节，但不幸的是，篇幅不够。因此，我把其他猫看护人的建议合并到一个章节里。

给所有人的一般建议

无论你已经或正在考虑承担什么角色，尽可能多地了解猫行为学和猫的行为及福利需求相关知识对你来说都是明智的。希望这本书在某种程度上对你有所帮助，但你仍需要进一步地学习，特别是在与宠物主人及其猫看护人的身份密切相关的猫行为学领域。从书籍和互联网上可以收集到很多信息，但这些信息的标准和准确性可能各不相同。因此，从权威来源获取信息是至关重要的（可参考本书后面的有用网站列表和推荐阅读书目）。

基本的行为和福利需求

有一些基本的要素，所有的猫看护人都必须知道。

- 空间。野猫的自然活动范围约为 $2km^2$（Gourkow 等，2014）。虽然大多数猫可以接受更小的空间，但限制地越严苛，对猫的整体福利的潜在损害就越大。
- 表达自然行为的机会。
- 感到安全。所有的猫看护人都应该知道什么对猫是真正的、潜在的或能感知到的威胁，以及如何避免或减少它们，或为猫提供庇护所，以避免这些威胁。
- 可预测性和可控制性。变化莫测的照料和饲养规程可能是猫出现应激的主要原因。让它们觉得自己在一定程度上能够控制周围环境，与他人的互动也同样重要。

给收容所和猫舍的建议

猫窝的位置

- 在一个安静的区域。远离可能被视为威胁或烦扰的声音，例如，狗的叫声，机器的声音，来自人类的巨大声响——交通噪声，吵闹的音乐，孩子们玩耍的声音，等等。
- 远离明亮、闪光或刺眼的人工照明。
- 避免极端温度（必须遵守当地许可规定）。围栏内应通风良好，冷时保暖，热时凉爽，使环境温度达到比较稳定舒适的状态。理想情况下，给猫提供单独的户外空间，允许猫接触阳光、阴凉和新鲜空气。

建筑、设计和家具

将当地的许可规定作为最低准则，每个围栏必须具有足够的空间（必须遵守当地的许可规定）。纵向空间，即各层架子或表面之间高度有所不同，是尤其重要的。处于一个较高的位置可以令猫感觉拥有更多的主导权和更少的威胁。然而，跳到高处并不具有挑战或困难也是很重要的，特别是对于那些因年老、受伤或疾病而行动不便的猫。因此，斜坡或台阶不能太陡，应有防滑表面。

养在独立单元里的猫应该避开长时间暴露在其他猫的视线中。可以通过在猫笼栅栏上设置坚实的屏障或为玻璃上磨砂，使其他猫变得若隐若现，来规避视线。

必须为猫提供一个可进入的划分开的"私人"区域。这个区域要足够大，可以容纳一个休息区、食物、水和一个猫砂盆，所有这些物件必须彼此分开放置。这通常可以通过在此区域内设置不同高度让猫进入来实现。

除"私人"区域外，还应提供藏身地点（图 12.1）。盒子、结实的行李架、有圆顶的床、有盖子的猫砂盆改成的床，甚至覆盖在合适的架子上的毛巾都可用作此用途。如果一只猫具有攻击性或表现出极度恐惧和应激，增加猫笼的大小和藏身地点通常会有所帮助。

猫应该有柔软、温暖和舒适的猫窝，并可以选择在不同的地方休息。应在高位搁板上和藏身纸箱中布置猫窝（图 12.2）。主人提供猫曾使用过且未经清洗的猫窝可以帮助它适应一个新的环境，因为这包含熟悉和令其舒适的气味。

此外，还必须提供精神和身体上的刺激，并允许猫进行下列自然行为。

- 提供抓挠柱，猫抓板，树枝或类似物，允许猫抓挠和攀爬。
- 一个可直接或通过窗户看到的包含树木、灌木等的风景，即可以看到鸟类或其他野生动物的区域。

图 12.1 必须提供藏身的地点。

图 12.2 应在藏身之处和高位搁板上布置猫窝。处于一个较高的位置可以帮助猫感到更放松和拥有更多主导权。

- 觅食玩具增加丰富度和刺激（可参考网址，www.foodpuzzlesforcats.com）。但也应该对猫进行监控，以确保使用觅食玩具不会增加或造成其挫败感，或导致猫无法满足其所有食物需求。

设计注意事项

- 通过一个猫门互通两个独立区域是收容所或猫舍中常见的设计。虽然这对习惯使用猫门且感到舒适的猫来说是个好主意，但其他猫之前可能没有使用过猫门，或者可能对在陌生的环境中使用猫门持谨慎态度。
- 玻璃正面的"吊床"设计是目前流行的睡眠区域。虽然玻璃屏障有利于控制疾病，并允许游客和有意向的主人观看猫，但它剥夺了猫重要的隐私权。此外，它还会阻止猫获取玻璃另一边的人和其他东西的基本嗅觉（气味）信息，这可能会使猫出现应激。

同时养两只或两只以上的猫

如果收养两只及两只以上来自同一家的猫，把它们关在同一个围栏里似乎是明智的，但它们住在一起并不意味着它们相处得很好，可能会进一步恶化它们的关系。因此，在把两只猫关在同一个笼子之前建议仔细询问主人，以便弄清楚它们之间的关系（详见附录16）。如果有任何问题，可以把它们分开安置。

测试它们关系的一种方法是，将一只关在围栏内，让另一只进入围栏外的安全区域，然后观察它们的行为。如果它们看起来想在一起，并且表现出友好的问候行为（详见附录16），那么把它们放在一起可能是安全的。然而，必须密切观察它们，如果看到冲突的迹象，最好将它们分开。

遵守和群体饲养同样的规则（详见下文）。

群体饲养

在一些收容环境中，猫被圈养在公共区域。单独饲养通常是更可取的，猫被迫限制在一起会出现巨大应激，特别是在收容环境中大多数猫都不曾认识对方。此外，随着不断变化，如有猫被领养或有新放入的猫，则很难有机会发展一个稳定的群体。为了避免真正的身体冲突风险，猫会抑制部分行为，在没有经验的人看来，猫对它们的处境感到高兴，而实际上它们处于高度紧张的状态（详见附录18）。群体饲养对猫的健康影响也很大，因为疾病传播更快，也更难以控制。

然而，一些收容所，特别是贫困社区的收容所，由于没有足够的空间或缺乏资金来建造独立单元，别无选择，只能在公共围栏内安置部分猫。如果有一些标准的独立单元，那么明智的做法是仔细选择哪些猫更容易适应与其他猫一起居住，把独立单元留给那些不太能适应这种情况的猫。

更能适应公共环境的猫更倾向于下述情况。

猫应用行为学

- 年轻的猫，最好是1岁以下的。
- 自信，与其他猫相处融洽的猫。
- 曾经和其他猫友好相处的猫。
- 对其他猫表现出友好行为的猫。

考虑放置在公共围栏里的猫也必须是健康的、绝育的和完成疫苗接种的。设计公共围栏使冲突和应激最小化也同样重要。

减少公共围栏内的应激和冲突

- 该区域应该足够大，不仅可以容纳所有的猫和必需的"家具"，也要为工作人员和志愿者留出照顾猫及和猫互动的空间。
- 所有猫都应该能够在不受干扰或没有过于靠近其他猫的情况下获取资源。理想情况下，休息和喂食的区域数量应该要多于围栏内猫的数量。
- 食物、水、猫砂盆和休息区都应该远离彼此。
- 应该为每只猫提供一个单独的食盆，并安排额外的碗，或者最好是漏食玩具。不要用一个碗喂多只猫。
- 确保食盆的位置能让每只猫在吃东西的时候看到整个房间。
- 围绕食物的竞争和冲突可能是在公共围栏中的一个潜在问题，充足的食物资源和少食多餐的喂养方式，通常有助于减少这一情况，不要一天只喂1~2次。
- 饮水器应该远离食物和猫砂盆。如果笼子里有几只猫，可能没有必要为每只猫提供一个饮水器，但要确保它们有足够的选择。
- 猫砂盆最好放在围栏的角落里，这样猫一定程度上就可以与外部隔绝，但是避免使用有盖的猫砂盆，因为这可能会使猫在离开猫砂盆时被另一只猫伏击，而且有盖猫砂盆的污渍也不是那么明显。
- 在一个有多只猫的围栏内，可能无法提供理想的猫砂盆数量——一只猫一个猫砂盆，外加一个额外猫砂盆，因此，必须确保猫砂盆足够大，并经常清洁。
- 在不同的高度上提供几个架子，至少为每只猫准备一个"单独"的架子（大小刚好能容纳一只猫），让这些猫可以休息，远离其他猫。休息区之间至少相隔3英尺（约1米）。
- 提供一个隐藏地点的选择。这些隐藏地点都应该有两个洞，作为入口和出口。如果只有一个洞，在内侧的猫可能会被其他猫困住，或在它试图离开时被伏击。
- 提供足够的抓挠柱、猫抓板和攀爬机会。

- 尝试在围栏外提供一个"有趣的"视野，最好包含树木或灌木丛，在那里可以看到鸟或其他野生动物。
- 密切关注公共区域的所有猫，转移任何表现出痛苦、恐惧、退缩或躲避其他猫、攻击行为、阻挡或追逐行为的猫。

把一只新的猫放入公共围栏

- 把猫放在围栏内的一个大笼子里。笼子需要足够大，以容纳所有猫的必要资源——食物、水、猫砂盆和休息区，并在各物之间留有空间。提供隐藏区域和可供猫坐在顶部的坚实物体都至关重要。笼子的一部分应该用大毛巾或类似的东西盖住，以遮挡围栏内其他猫的视线。猫的需求，即食物、水、猫砂盆和床，应放置在这个隐蔽的区域内。
- 把新来的猫放在笼子里大约 24 小时，观察笼子里的猫和围栏内其他猫之间的互动。
- 如果观察到明显的友好和亲近的行为，那么把猫放入公共围栏，让它加入猫群是安全的。
- 如果新放入的猫表现出任何恐惧或攻击的迹象，或者原本就在围栏内的任何猫表现出负面情绪反应，应立即将这只猫移走。

与人接触

收容所或猫舍环境中的猫需要不同程度的人类接触和互动。自信且社会化的猫可能需要以关爱和玩耍的形式与人类接触（详见附录 2），而社会化较差或胆小的猫应有机会逐渐习惯无攻击性和无威胁性的人类存在。

- 所有的猫，无论它们过去如何，在尝试与它们互动之前，首先必须给它们足够的时间适应新环境（详见"饲养一只新入住的猫"）。
- 必须允许猫主动接触，并且让猫可以随时离开并躲起来。
- 对于胆小或社会化不良的猫，在猫主动接触人之前，最好不要尝试任何形式的接近或接触。最好坐在围栏里或靠近围栏的地方看书，偶尔轻声说话，不要试图看向猫或对猫做出任何动作。
- 如果猫选择接近，最初的互动应该按照附录 17 中描述的那样进行。
- 偶尔单独进入一个更大的区域，可以有更多的机会与人玩耍和互动，这对友好、社交良好的猫来说是很有好处的，尤其是对那些显示出沮丧迹象的猫，如过多发声，爪子伸出笼子抓路过的人或做出破坏行为（撕碎垫子，或打翻食盆、水盆和猫砂盆）。

饲养和一般护理程序

收容所或猫舍接收新猫

如果一只猫经历了漫长或糟糕的旅程，并在到达目的地前被关进笼子里等待了很长时间，那么它的应激可能会更大。尽管猫舍可以向顾客推荐减轻猫因旅行造成应激的方法（详见附录12），但旅程中能做的非常有限。至少应该调整接收过程以减少猫的应激。

- 预约到达时间，或至少商定／安排大约的到达时间，以便准备好一个合适的猫笼。
- 若同时收容犬和猫，应安排单独的接待／等候区，或分别安排犬和猫入住的时间。
- 在接待处／等候区布置可以放置猫笼的架子。猫在地面上，尤其是被关在猫笼里的时候，会更易受到惊吓。
- 提供毛巾或类似可以用来遮盖猫笼的东西，使笼内的猫感到更安全。
- 避免俯下身去看猫，或者长时间盯着笼内的猫看。
- 如果需要完成书面工作，最好先把猫安置好，然后再填写必要的表格等文件。

饲养一只新入住的猫

- 新入住的猫应单独居住，除非它们是来自同一家，关系亲密的猫（见同时养两只或两只以上的猫的章节）。
- 在最初的2~3天里，尽量让猫少受干扰，因为猫可能需要这么久的时间才能安顿下来，适应新的环境。胆小、紧张或不善社交的猫可能需要更多的时间。
- 除了在围栏内提供藏身之处，遮盖围栏前部也可以帮助猫放松和平静下来。
- 在最初的2~3天，除非绝对必要，不要试图触摸猫。
- 如果需要兽医治疗或任何其他医疗处理，应该由一个单独的人员定期处理或照顾，并且不应该在其他猫或其他动物的视线范围内进行。
- 避免"抓颈背"或任何形式的粗暴或粗鲁的处理。使用低应激保定术（详见11a和附录17）。

一致性

特别是对于紧张和不善社交的猫来说，在一个陌生和不适宜的环境中，熟悉的围栏可能是最接近安全的地方。为了保持这一点，住宿期间，最好让猫待在同一围栏内。

饲喂常规

不可预测性可能是猫的主要压力源，所以尽量保持有规律的日常生活。

预期和延迟的奖励可能是沮丧的主要原因。为了避免这种情况，尽量限制猫需求食物和给予食物之间的时间。

- 在一个分隔开的区域预先准备所有的食物，最好远离猫窝，关上门，防止它们意识到食物正在被准备这件事。这有利于缩短饲喂第一只猫和最后一只猫的间隔时间。
- 让尽可能多的员工 / 志愿者参与进来，以便同时喂食更多的猫。

清洗

自己的气味有助于让猫感到熟悉和安全。因此，在清洗过程中注意不要去除这种气味。只有当猫被安置到其他地方或离开时，才进行彻底的清洁。

- 每天清理猫砂盆 2~3 次。每周完全清洗猫砂盆 2~3 次。
- 只有当猫窝脏到可能对猫的健康有害时才更换或清洗，例如，它被粪便、血液、呕吐物或变质的食物弄脏。
- 确保围栏里有足够的猫窝，以便在需要取出一些猫窝时，还能留下一些含有猫气味的物品。
- 不要清洁猫通过摩擦留下气味的地方，这些区域可能有棕色 / 黑色、略带油性的污点。

读者可以查阅 Gourkow（2016a，b）的文献，作为对猫舍和收容所建议的参考，也是本节内容的信息来源。

家庭寄养

家养环境中的短期护理是替代收容所或猫舍的正确选择，特别是对于如下的情况。

- 无法适应收容所或猫舍的猫，或者在笼养环境下难以护理和接近的猫。
- 幼猫需要在家养环境中进行早期社会化和习惯化，这种学习在收容所中能得到的可能性比较小（详见第 5 章和第 8 章）。
- 短期住家相对于猫舍或收容所更可能为某些猫提供更悉心的照料，例如，有慢性健康问题的猫，老年猫，妊娠期的猫，或有行为问题，只能在家养环境中进行全面护理的猫。

- 主人因病无法照顾猫（详见：www.cinnamon.org.uk）或受到家庭暴力的猫（详见：https://www.rspca.org.uk/whatwedo/care/petretreat ; www.pawsforkids.org.uk）

以上内容参考 Halls（2017）文献编写。

在大多数情况下，家庭寄养组织会支付食物和其他必需品的费用，例如，猫砂和兽医护理费。因此，家庭寄养也可以为无法长期饲养宠物的人，或有经济限制的人提供机会，享受养宠物的益处。

理想情况下，猫的代养人应该满足如下条件。

- 没有其他的猫狗或小孩。
    - 其他宠物或年幼的孩子，即使是友好乖巧的，也可能被一只刚到家并且可能已经处于焦虑状态的猫视为威胁。
    - 有一种例外情况，代养的幼猫需要与其他动物或人进行社交，在这种情况下，代养人的宠物或孩子必须冷静、友好、乖巧并熟悉幼猫。
- 有一个有足够空间的家。一个可以作为猫安全区域的空房间，在猫最初融入家庭期间通常是必要的。
- 有养猫经验，对猫的行为和福利需求有一定的了解或愿意并能够学习。
- 保持冷静和耐心。获得猫的信任可能需要时间，尤其是在它不善社交或可能遭受过虐待的情况下。
- 为可能发生的问题做好准备，例如，房间被弄脏或有寄生虫被引入屋内。
- 灵活地满足每只猫的需求，有足够的时间关注并照顾猫。
- 愿意接受培训和指导。
- 愿意并能够与家庭寄养组织保持定期联系。
- 在必要时能够运送猫。
- 愿意在代养期结束时"让其回归原生家庭"。

以上内容参考 Halls（2017）文献编写。

领养

大多数救援组织的最终目的是为他们所照顾的动物找到合适的、有爱心的家。

- 允许猫在救援中心里躲藏是非常重要的，但这可能意味着潜在的领养人可能无法见到猫。因此，应该在围栏外提供有关猫的信息，包括照片。人阅读信息时，不会被猫误认为有人在盯着围栏并对它造成威胁也同样重要。

- 请记住，在救援中心看到的护理和饲养标准可能会被新主人参考。例如，可能会使用非常少量的猫砂以降低成本，但如果新主人继续使用如此少量的猫砂，可能会导致意外的室内排泄。
- 主人应该被问及为什么想要一只猫，如果救援猫不是他们的最佳宠物，则应明确地告知他们（详见第 9 章）。

家访

建议进行家访以确认猫的新家是否合适，家访者应充分了解猫的健康和行为需求，以便能够正确建议新主人并检查以下事项。

- 新主人对猫的行为和行为需求了解程度如何？应就以下项目提供建议和指导手册。
  - 饮食。
  - 环境多样性（详见附录 1）。
  - 基本资源的提供（详见附录 3）。
- 家里还有其他什么宠物？它们会对猫造成危险吗，或者猫会对它们造成危险吗？
- 如果猫之前有过户外活动，是否可以继续进行这种活动，即进入合适且安全的户外空间，来自邻居猫、其他动物或其他潜在威胁的风险极小或可控，如交通。
- 如果已知猫过去一直是一只室内猫，假如猫不愿或害怕外出，主人是否也乐意提供室内猫砂盆并创造充分多样的环境？

猫保姆（给保姆和主人的建议）

合理聘请宠物保姆对于主人和房屋 / 宠物保姆来说都是理想的解决方案，所谓保姆即在主人不在时住家并照顾猫的人。

- 在保姆离开时，主人会继续照顾他们的宠物和房屋。
- 宠物保姆通常能免费住宿，许多保姆在旅行期间帮忙照看别人的宠物和房子。

然而，宠物的福利应该始终是首要考虑因素。

被送到猫舍的猫通常会出现应激，因为猫被转移出熟悉区域，失去由家庭环境带来的安全感。因此，安排猫保姆，可以让猫待在自己的家里，这对许多猫来说是应激最小的选择。然而，情况并非总是如此，即使这种安排确实使猫发生应激的概率比送到猫舍要小，但它仍可能因与熟悉和亲密的人分开，并有一个陌生人住进房子扰乱了原本的生活，而出现一定程度的应激反应。

对于如下某些猫来说，猫舍实际上可能是应激最小的选项。

- 害怕和不善社交的猫，总是躲起来或对访客有攻击性。
  - 有些猫一开始可能会躲起来，但不久就会习惯新来家里的人。但是，如果猫对在自己地盘上的陌生人仍然感到恐惧或具有攻击性，猫保姆不太可能改善猫的恐惧和防御行为，反而可能会加剧问题。
  - 如果猫害怕陌生人，并且能够去户外，猫可能会选择"离家"。
  - 期望他人与可能对他们造成伤害的猫一起生活是有失公允的。在猫舍中，可以采取预防措施来保护员工免受具攻击性猫的攻击。
- 已经习惯频繁和定期旅行以及拜访同一猫舍的猫。如果反复频繁前往一个不错的猫舍，环境和看护人可能会变得让猫感到熟悉且舒适。

如果猫保姆确实是更好的选择，那么主人和保姆可以做很多事情来帮助减少猫的应激，这有助于猫和保姆之间建立良好的关系。

- 猫保姆最好在约定的宠物看护时间之前至少来一次家中，初步了解情况并让猫熟悉。如果可能的话，让猫保姆在主人离开之前，提前住到家中。这可以让猫在没有主人在场的情况下，轻松地面对住进家中的陌生人。
- 猫保姆最初应该按附录17中描述的那样接近猫并与猫互动。这种接近方式应该一直持续到猫完全适应猫保姆为止。
- 猫保姆应该冷静和耐心，因为完全获得猫的信任可能需要一点时间。
- 主人应该告知并最好提供关于猫的日常生活的书面信息，猫保姆应该尽量做到与之一致。包括如下信息。
  - 猫通常在何时、何地以及如何被喂食。
  - 日常梳理——如何、何时、何地梳理。
  - 猫砂盆的信息——清洁程序、使用哪种猫砂材料等。
  - 猫和主人通常一起坐着放松的时间和地点。
  - 不允许猫进入房屋的房间或区域。
  - 是否允许猫晚上睡在主人的床上。
  - 游戏时间——何时何地以及猫最喜欢的玩具。
  - 是否、何时以及如何允许猫进入户外。
  - 猫喜欢的休息点和通常的睡眠方式。
- 还应让猫保姆充分了解任何可能出现的当前或以前的健康问题，并留下猫熟悉的兽医的联系方式。
- 如果猫需要药物治疗，则应将全部详细信息传达给猫保姆，包括通常何时以及如何给药。理想情况下，给药方式应由主人演示，并由保姆在主人离开之前进行实践。

- 当主人离开时，必须及时进行除虱、驱虫、疫苗接种等常规护理，除非不可避免，否则不应让猫保姆进行处理。如果主人长时间不在家，保姆需要进行常规护理，必须留下充足的药品和完整的说明。
- 主人可能希望在离开的时候保持房屋的干净整洁，但是不要清洗猫窝，这样才能保留猫的气味。
- 应规定猫保姆和主人相互保持联系，猫保姆应尽早向主人报告任何关于猫的健康或行为的问题或变化。

猫咖啡馆

猫咖啡馆首先在远东流行起来，这个概念已经传播到世界各地，现在欧洲和美国也有许多。

它们之所以如此受欢迎，尤其是在日本，是因为与伴侣动物互动或仅靠近伴侣动物就可以给人类带来有益的影响（Plourde，2014），但不幸的是，人们似乎对猫的福利不太感兴趣。对于猫来说，压力是一个非常现实的健康福利问题（详见第6章），猫行为学家和福利专家认为，猫咖啡馆对猫来说可能是高度紧张的环境（Bradshaw，2013）。

猫咖啡馆里的猫每天都要应对无数陌生人的关注（图12.3）。这可能是一个重要的压力源。

- 猫需要有足够的时间单独待着，这样它们才能睡觉并进行单独的自然行为。经常被打扰会给它们带来很大的压力。
- 尽管大多数社交良好的猫确实喜欢与人互动，如玩耍和被抚摸，但许多猫更喜欢这些互动短暂且不频繁，并且能够由自己主动。感觉"一切尽在掌控之中"对猫来说非常重要。
- 不可预测性是猫的另一个主要压力源。对猫来说，猫主人和它所熟悉的人的行为相当容易预测，但陌生人的行为则不然。

但是，猫咖啡馆中的猫需要能够应对的不仅是人。大多数咖啡馆或类似场所都将几只猫放在一起，通常放在一个相对较小的空间。作为一个以独居生活为主物种的后代，与同一物种成员的社交能力可能有限，且因个体而异。即使是十分亲密的关系也会轻易破裂，尤其是猫同时面临着其他压力源。在狭小的区域内，猫之间相处不好的迹象很难被发现，因为猫更有可能抑制敌对行为，以避免身体冲突的风险（详见附录16）。即使建立了一个稳定的猫群，任何对群体动态的干扰都可能严重破坏这种稳定性，例如，失去一个成员或引进一个新

图 12.3 在猫咖啡馆以及类似的场所中，应该注意不要让猫频繁或持续受到陌生人的关注。

成员，疾病，甚至是短暂的分离，如看兽医等。

所以，虽然猫咖啡馆很受人们的欢迎，但通常对猫来说并不好。然而，这些场所正变得越来越受欢迎，且似乎短时间内很难呈现下降趋势。因此，我认为就如何尽可能最好地管理和最小化猫咖啡馆及类似场所中的猫的压力提供一些建议非常重要。

寻求并遵循专家的帮助和建议

在建立这样的机构之前和运营期间，所有者需要广泛地向他人寻求帮助和建议。如果涉及猫的福利，确保向合适的人寻求建议，即具有猫保健专业知识和经验的兽医或护士/技术人员，以及合格、经验丰富且有声望的猫科动物行为学家。

获取猫

- 猫必须年轻、健康、绝育、接种疫苗，它们能与人类和其他猫进行良好的社交行为是非常重要的。尽量避免救助未知来源的猫、流浪猫或野猫，因为它们不太可能适应猫咖啡馆环境。
- 一群一起长大的猫，尤其是有血缘关系的猫，更有可能变得亲密并在一起相处。但这是不能保证的，即使它们关系十分亲密，也不能确保它们亲密的关系会持续下去。
- 如果不允许猫在室外活动，必须确保它们一直是室内猫，并且没有表现出外出的意愿。曾经被允许外出的猫如果被限制在室内，它们很快就会变得沮丧和烦躁。

努力维持一个稳定的猫群

- 如果猫看起来相处得很好，尽量不要干扰群体，但要重新安置任何不能与其他猫友好相处的猫（详见附录16）、表现出攻击性（对人或其他猫）的猫，或表现出任何应激现象的猫（详见附录18）。
- 对于身体不适或出现应激反应、具有攻击性或有其他行为问题迹象的猫，必须尽快为它们寻找合适的新家。
- 任何新猫都必须小心地引入猫群，就像将新猫介绍给普通家庭一样（详见附录5）。新猫在很好地融入猫群并且在其他猫周围保持平静和放松之前，不应将其带入咖啡馆。
- 一些猫咖啡馆有从当地收容所领养的猫，这种行为可能值得称赞，但群体的不断变化和由此造成的不稳定可能会让猫感到高度不安和巨大的压力。因此，不推荐这种做法（详见后面的替代方案）。

工作人员

- 员工至少应接受过良好的猫科动物行为、健康和福利方面的基础教育，并且课程的来源规范可靠。
- 任何猫出现应激的迹象，工作人员都必须能够识别并尽快报告（详见附录18）。
- 应该雇佣足够数量的员工，不仅要高效地经营咖啡馆，而且要能够密切监控客户与猫的互动，并对不适当或猫不愿进行的互动介入和指导。

设计和设备

室内设计应为猫的自由活动提供条件，让它们可以按照自己的意愿远离或与顾客和其他猫互动。这应该包括如下内容。

- 有宽敞的、通向高处的路径，例如，有足量的、人无法触及到的架子和走道。
- 所有区域的躲藏场所都应有出入口，以免猫进入时被人或另一只猫困住。
- 猫有能轻松进入的与公共空间分开的房间，这个房间为猫提供休息区域、高架空间等，并且可以在该处饲喂猫，并有路径通往猫砂盆。
  - 提供单独的区域是个好方案，远离其他猫，每只猫都可以在那里得到喂食、休息和使用猫砂盆。这些区域的设计方式与之前针对独立猫舍/

庇护所描述的方式类似，并且猫可以通过微芯片操作的猫门进入。

- 应在不同地点提供含有猫气味的柔软舒适的猫窝。
- 应提供合适的玩具，如顾客可以安全使用的逗猫棒（详见附录 2）。
- 必须为猫提供充足资源以避免竞争。所有资源粗略的准备规则是在猫的数量上至少多准备一个（详见附录 3）。

顾客

- 应该限制顾客的数量，这样猫不会同时应对很多人，工作人员可以轻松地服务和照看每个人。
- 应该限制同时在店的儿童人数。所有儿童都必须由可靠的成人负责照看。
- 顾客抵达时，应被告知在房内与猫互动的规则，并以如下书面形式提供或张贴在视线范围内。
  - 如果猫正在睡觉、躲藏或在咖啡馆的某些区域，请让它们单独待着。
  - 不要试图把猫抱起来。
  - 不要阻止猫去它们想去的地方。
  - 让猫来找你，而不是你去找它们。
  - 不要发出引人注目或出乎意料的响声。
  - 不要直接用手指逗猫，但可以使用提供的玩具。
  - 还可以提供有关如何更好地接近和抚摸猫的说明（详见附录 17）。

一个另类的方案

可以开设猫主题的咖啡馆、酒吧或其他设施，但不在设施内养猫，这对猫来说更友好。咖啡馆可以通过在菜单、杯垫、海报等物品上印有关猫护理、历史和行为的趣闻及提示，成为令人愉快的启蒙中心，甚至可以用作交流和更深入教育的活动中心。

如果与当地救援收容所或收养中心合作，咖啡馆还可以宣传收容所的工作，并通过提供寻求领养的猫的照片和视频等信息，帮助增加领养数量。还可以宣传对志愿者和领养人的需求，包括涉及的内容以及如何申请。

参考文献

Bradshaw, J.W.S. (2013) Are Britain's cats ready for cat cafés? *Veterinary Record* 173, 554–555.

Gourkow, N. (2016a) Causes of stress and distress for cats in homing centres. In: Ellis, S. and Sparkes, A. (eds) *ISFM Guide to Feline Stress and Health. Managing Negative Emotions to Improve Feline Health and Wellbeing. International* Cat Care, Tisbury, Wiltshire, UK, pp. 82–87.

Gourkow, N. (2016b) Prevention and management of stress and distress for cats in homing centres. In: Ellis, S. and Sparkes, A. (eds) *ISFM Guide to Feline Stress and Health. Managing Negative Emotions to Improve Feline Health and Wellbeing.* International Cat Care, Tisbury, Wiltshire, UK, pp. 90–102.

Gourkow, N., LaVoy, A., Dean, G.A. and Phillips, C.J.C. (2014) Associations of behaviour with secretory immunoglobulin A and cortisol in domestic cats during their first week in an animal shelter. *Applied Animal Behaviour Science* 150, 55–64.

Halls, V. (2017) The super fosterer – how fostering cats can benefit their wellbeing. *Proceedings of the iCatCare Feline Day 2017, Birmingham, UK.*

Plourde, L. (2014) Cat cafés, affective labor, and the healing boom in Japan. *Japanese Studies* 34, 115–133.

附录 1
环境丰容

　　猫每天可能在睡觉上花很多时间，清醒的时候，猫需要足够的外在刺激来激发它们的活力。单调的环境不能为猫提供运动、探索和有价值的挑战机会，会导致猫的厌烦和沮丧，并有可能进一步发展成行为问题。因此，环境丰富性对猫非常重要，特别是那些没有定期的户外活动，没有足够大的区域让它们去狩猎和探索的猫。

空间

　　应该给猫足够的空间四处奔跑。室内的猫偶尔在家里高速奔跑是很正常的，这是消耗能量的一种方式。但是，除了地面空间外，猫还需要有不同高度的垂直空间，以便攀爬、探索和休息。架子、高大的家具、甚至楼梯都可以实现这一点，但也可以通过猫爬架（图 A1.1）和猫走道（图 A1.2）的形式提供额外的空间。

藏身之处

　　即使是最有安全感的猫偶尔也会需要一些地方来躲藏。但是，猫不仅可以在感受到威胁时使用藏身之处，也可以作为探索区域在游戏中使用，也可以在不想被打扰时使用。合适的藏身之处包括家具下的缝隙、有盖的猫窝和纸板箱（图 A1.3）。

觅食和漏食玩具

　　如果我们不提供食物，猫需要每天多次猎取食物。把食物放在固定的猫食盆里可能是一种简单的喂食方式，但这对猫来说是相当无趣的。如果提供食物的方式增添一些挑战元素，当猫去尝试获取食物，就会更加刺激和有趣。

图 A1.1 一个简单的猫爬架可以为猫提供额外垂直空间。

让猫尝试获取食物最简单的方法是将干粮撒在干净的地面上，让猫去嗅探出来。宠物主人也可以购买觅食玩具或制作漏食玩具，为猫增加额外的挑战和乐趣。

固定漏食玩具

固定的漏食玩具通常需要猫用爪子通过不同程度的技巧和努力来获取食物。常见的特点是简单的迷宫或障碍物，以及含有食物的部件，这些部件带有猫可以推或拉开的滑动盖。

自制固定漏食玩具

- 将少量的湿粮或干粮放在制冰格子中。
- 在塑料食品容器或小纸盒的边上开孔，将食物放在里面。如果使用塑料容器的话，要确保孔的边缘比较光滑。

猫应用行为学

图 A1.2 室内猫走道。室外有围栏也可以提供类似结构。图片由 Tanya Cressey and Pause Cat Café，Bournemouth 提供。

图A1.3 纸板箱是提高猫生活环境丰富性且性价比极高的方式。

- 将卷筒纸巾内的圆柱状纸板粘在一起,形成一个金字塔形状,并在每个筒内放置几块干粮或猫零食。
- 将卷筒纸巾内的圆柱状纸板剪成不同的长度,每个都比猫的前腿短。然后将这些管子竖直地贴在底座上。在每个管子里倒入一点儿干粮。

移动漏食玩具

通常指的是猫需要通过移动物品来获取食物的漏食玩具。最简单的设计是一个塑料球,上面至少有一个洞。食物被放在玩具内,当猫用爪子或鼻子推动球的时候,食物就会掉出来。也有其他设计,如管状或"悬空"玩具,猫必须"击打"玩具,食物才能掉落出来,以及一些含有食物的单个小玩具模拟成猫的猎物。这些玩具大多数只适合与干粮一起使用。

自制移动漏食玩具

- 将卷筒纸巾内的圆柱状纸板两头密封,在管子上打几个洞,然后倒入少量的零食或干粮。
- 在一个旧酸奶盒子的底部打1~2个孔,孔的大小要足够大,这样如果摇晃盒子,小块的食物会掉出来。在顶部系上一根绳子,然后绑在门把手或类似的地方,使其刚好高于猫的头部高度。为了得到食物,猫需要用爪子击打酸奶盒子,让食物掉出来。
- 在一个小塑料盆或类似的物品上打洞,当猫敲打或用爪子拍打它时,可以使其自由移动,掉落出食物。

需要考虑的问题

- 如果猫以前从未使用过漏食玩具,那么一开始最好购买通过最低限度努力就能获得食物的玩具,或者可以从简单玩具开始,逐渐增加难度。如果漏食玩具难度太大，可能会引起猫的挫败感。

- 避免低劣品质的玩具，选择那些结实品质优良的产品，大多数漏食玩具是塑料制成的，一旦断裂，锋利边缘会危害到猫的健康。

- 许多漏食玩具可以与湿粮和干粮一起使用，但也有些是专门为一种粮食设计的。选择与猫最爱的食物相匹配的漏食玩具。

- 漏食玩具应很容易清洗，特别是那些与半湿食物搭配使用的玩具。

- 可以参考为犬设计的漏食玩具，也可能适合猫。

- 为了让每一次的挑战都对猫有吸引力，在猫的日常食物里加一些适口性好的食物。

- 在为猫自制漏食玩具时，安全是至关重要的。因此，要确保玩具没有锋利的边缘，使用安全无毒的材料。

参考和阅读推荐

猫的漏食玩具（www.foodpuzzlesforcats.com）。

© Trudi Atkinson.

附录 2
游戏

虽然猫游戏的频率随着年龄的增长而降低，但对于成年猫来说，依旧是一项与对幼猫同样重要的活动。游戏玩耍的机会不足会导致行为问题，如与挫折和压力有关的攻击性行为。

猫有两种类型的玩耍游戏。

社交游戏

社会化良好的猫会与其他猫或者其他动物进行社交游戏。以下行为是社交游戏的正常组成部分。

站在猫身上和四脚朝天：猫仰卧在地上，与站在它身上的另一只猫"打架"。爪子保持收缩，咬的动作也很轻柔。

扑打：猫蹲下，然后向另一只猫扑去。一般是开始玩耍的信号。

追逐：追赶或远离另一只猫。

对打：坐在另一只猫附近，用缩回的爪子拍打它。

社交游戏还是打架

社交游戏是断奶前幼猫之间最常见的游戏形式。随着小猫的成长，物体游戏变得更加普遍，社会游戏发展成真正冲突的风险可能会增加。此外，由于社交游戏可能看起来非常类似于打架，所以人们很容易误解这些行为。允许猫一起玩耍是很重要的，然而，能够认识到社交游戏和实际打架之间的差异也是很重要的。

如果是游戏玩耍，通常有以下这些特点。

* 猫更有可能平等地追逐对方并交换角色。
* 爪子仍然保持收回，控制咬的力度。
* 很少发出叫声。
* 在玩耍之后，猫希望继续靠近对方，互相舔毛或者靠近对方休息。

如果是战斗，通常有以下这些特点。

- 追逐或"挑衅"更可能是单向的。
- 更可能伸出爪子，很少抑制咬的力度。
- 可能会有发出"嘶嘶"声、咆哮或"尖叫"声。
- 如果一只猫是受害者，通常会尽量避免或逃离另一只猫。（这往往会使问题变得更糟，因为它会触发攻击者继续追逐。）

如果猫出现打架行为，要尽可能寻找打架的潜在原因，并在专业的帮助下正确地解决这个问题。

实物游戏

给猫提供让它们扑、击打、追逐、咬、抓的玩具，这类游戏称为实物游戏。通常认为实物游戏中猫的行为是在"练习"捕食技能，其实这些行为是猫的天性，虽然增加这类游戏并不能使猫成为更好的猎手。但宠物猫狩猎机会相对较少，更需要通过这些玩具来表达正常的行为。

与猫玩耍对猫和人类来说都是一种有趣的经历，但正确地与猫玩耍非常重要。

- **不要**鼓励猫玩人的手指或脚趾。当小猫变得越来越大，更多的精力会表现在牙齿和爪子相关的游戏中，这样会导致误伤人的手脚。
- 猫可能在游戏中不小心咬伤或抓伤人，**不要**试图惩罚它，惩罚会导致恐惧甚至更严重的防御性攻击行为。因为猫会受到运动的物体刺激而开始玩耍，最好的动作是保持静止，非常缓慢地将手或脚从猫身边移开，并将猫的游戏行为重新引导到更合适的玩具上。
- **不要**使用有硬边的玩具或有可能会因脱落而被吞食的碎片玩具。
- **一定要**用能被猫容易移动的玩具。

电动玩具

它们通常由电池驱动，可以移动，或者有一个附属装置，模仿老鼠或鸟类等猎物的移动方式。它们的主要优势是，简单易操作。但也有如下缺点。

- 相对昂贵。
- 虽然伤害风险很小，但即使如此，也需要在人的监督下使用。
- 当没电或损坏了，对猫的吸引力就大大减弱了。
- 有些猫可能会害怕电动玩具发出的响声。

拍击和追逐玩具

任何重量很轻，猫很容易移动的物体都可以作为"拍击和追逐"的玩具，注意任何提供给猫玩的东西都必须是安全的（确保它没有锋利的边缘或容易被猫吞咽）。下面的这些可作为"拍击和追逐"的玩具。

- 乒乓球。
- 旧酒塞。
- 硬面团。
- 核桃壳。
- 一堆卷起来的纸。
- 棉花球。

灯光、激光笔或阴影

虽然这些最初看起来对猫来说很有趣，但它们会导致沮丧和相关的行为问题，因为猫的确什么也没有捕捉到。

逗猫棒

有时被称为"鱼竿玩具"，通常由一根棍棒组成，上面系着一根长绳子，有时有弹性，末端有一个玩具。在某些情况下，绳子本身就是玩具，它可以像蛇一样"扭动"和"滑动"。这些玩具的优点是，逗猫棒轻微的动作就能带动末端玩具的迅速运动，而且猫用牙齿和爪子抓玩具时也不会接触到人的手（图 A2.1）。

如何使用逗猫棒

- 沿着地面快速拉动玩具，长长地扫过。这通常是吸引猫注意玩具并鼓励玩耍的最好方法。
- 直接向上移动玩具，或在空中转圈，以鼓励猫跳跃和抓取。
- 以小幅度但快速的不稳定动作移动玩具，模仿猎物。

如何判断猫是否对玩耍感兴趣

玩耍并不局限于追逐和试图抓住一个玩具。对有些猫来说，只是看着一个移动的玩具，就足以成为一种游戏形式。可以通过观察猫的神情来判断它是否对玩具感兴趣。除了明显地观察玩具的移动外，它的耳朵会向前倾，还能看到胡须和脸部的变化。胡须在捕猎中起着重要作用，当猫处于捕食／游戏状态时，胡须会稍微向前推。使用面部肌肉来移动胡须，也会使猫的脸颊看起来很圆润（图 A2.2）。

　　　　　　　　　　　　　　　　　　　　　　猫应用行为学

图 A2.1 玩"逗猫棒"。

图 A2.2 朝前的胡须和"圆润的脸颊"，这是猫准备好要玩耍的标志。还有放大的瞳孔，这是兴奋度提高的标志。

结束游戏

注意不要过早结束游戏。猫经常会出现暂停游戏，离开玩具，在不远处看着它的情况。在这个时候拿走玩具或停止游戏可能会引发挫败感，因为远离观察是正常猎食行为的一部分，这并不意味着猫不再感兴趣。在观察了一小段时间后，猫通常会继续玩，但是，如果猫完全离开房间或蜷缩起来睡觉，那么这可能是停止的好时机。

尽量避免出现"奖励崩溃"。如果猫有很强的游戏动机，当它处于高度兴奋的"玩耍"情绪中时，游戏突然结束，这种情况就会发生。如果发生这种情况，猫可能会将其掠夺性的游戏行为转向附近的人或其他动物。

- 逐渐降低玩具的活动性，最终在收走玩具之前停止移动。
- 如果它没有失去兴趣，就把它的注意力转移到另一项兴奋性较低的活动上，例如，把一些食物扔到附近的地上，让它闻。
- 在它看向远处的时候，拿走玩具。例如，在寻找或吃散落的食物时。如果它看到玩具移动，这可能会引发进一步的游戏活动。

猫薄荷

猫薄荷对猫的影响变化很大。它经常被用来加强和鼓励游戏。对某些猫，尤其是幼猫，完全没有影响，但对其他猫，猫薄荷可以显著提高兴奋度，甚至可能增加游戏行为发展为攻击行为的可能性。因此，在确定猫对猫薄荷的反应之前，谨慎使用猫薄荷玩具。此外，注意猫玩具中猫薄荷的含量和新鲜度可能有很大的差异。

© Trudi Atkinson.

猫应用行为学

附录 3
减少多猫家庭的资源竞争

共同生活的猫的冲突通常是由于争夺重要的资源，如食物、水、休息的地方，甚至是猫砂盆。合理提供和放置这些资源，可以极大地帮助减少竞争、减少打架和其他冲突行为的风险。

食物

给家猫单独喂食，使它们的食盆之间保持合适的距离

犬和人类的习惯都是合作式捕猎或采集食物，而猫则不同，猫是独居的捕食者。换言之，每只猫狩猎都只是为自己寻找食物，哺乳的母猫例外。这也意味着猫不会分享它们的食物，它们会选择在离其他猫较远的地方进食，因为其他猫有可能会偷吃它们珍贵的食物，而且对于野猫或流浪猫来说，这顿饭确实来之不易。

如果食盆被放置得很近，或者希望猫用一个盘子吃饭，那么它们除了并排吃之外没有其他选择，给人一种它们很乐意这样做的假象，但实际上这种情况是多猫家庭中猫应激和对立情绪增加的一个常见原因。

提供额外的喂食区域

通常为每只猫提供一个食盆，如果猫既吃湿粮又吃干粮，可多提供一个。野猫或流浪猫会选择不同的狩猎和进食地点，这不仅增加了成功狩猎的可能性，也减少了与对手发生冲突的机会。

如果食盆或其他重要的资源只位于房子的一个区域，那么有可能发生一只猫坐在通往该区域的门口或走廊上，"阻挡"其他猫获取资源的机会，造成冲突的局面。

因此，建议在房子的多个区域提供额外的食盆或漏食玩具。

水

在远离食盆的不同地点提供水盆

水是另一种宝贵的资源，因此需要提供足够数量的水盆。有些猫可能不愿意在食物附近喝水，所以水在远离食物的地方会更好。一些猫喜欢喝流动水，所以提供至少一个流动的水源也是很好的选择。

休息地点

在不同的高度提供充足、舒适的休息场所

关系密切的猫通常会非常紧密地接触着睡觉和休息。关系不密切的猫也可能在同一件家具上睡觉或休息，但这更可能是对位置的偏爱，而不是对彼此靠近的渴望。如果温暖、舒适的休息场所供应有限，可能会迫使没有紧密联系的猫进行不必要的亲密接触，这可能会降低它们对彼此的容忍度，导致冲突。

猫砂盆

为每只猫提供至少一个猫砂盆，每个猫砂盆放在单独的位置

在人类看来，厕所可能不是一个值得争夺的东西，但它对猫来说是一个非常重要的资源。许多猫不喜欢分享猫砂盆，通常情况下，猫会喜欢在一个地方排尿，在另一个单独的地方排便。猫砂盆供应不足，或猫砂盆放置太近，可能是猫之间发生冲突和行为问题的一个常见原因。

附录 4
绝育

关于绝育，在英语中有两种说法，即"Neutering"和"Sterilizing"，都是指摘除生殖器官。

母猫绝育

是指通过手术切除母猫的卵巢和子宫。

公猫绝育

是通过手术切除公猫的睾丸。

为什么要绝育

种群控制

绝育最显而易见的原因是避免不必要的产崽。一只未绝育的母猫平均一年能产 2~3 窝，平均每窝 3~5 只幼崽。这意味着一只未绝育的成年母猫平均一年能产下 15 只或更多的幼崽，平均一生可以产下 150 多只幼崽（Robinson 和 Cox，1970）。一只未绝育的公猫可能意味着更多的幼崽数，而所有的幼崽都需要有人照料，但它们中大部分最终都会成为流浪猫，待在救援庇护所或被安乐死。

健康状况问题

- 怀孕、分娩和哺乳对母猫的身体要求很高，反复怀孕会严重影响她的健康。
- 一只在发情期的未绝育母猫（这段时间她具有性接受能力，通常被称为"处于发情期"）可能会吸引整个公猫群体，而这些公猫不太可能接种疫苗或得到很好的护理，因此，更有可能患上传染病和潜在的接触性传染病。同样，未绝育的公猫也会被健康状况不良的母猫吸引。

- 传染病和先天性疾病会（通过母猫）传染给幼猫。
- 除了避免上述所有情况外，绝育还显著降低了乳腺肿瘤和子宫蓄脓（子宫感染）的发生率，这两种疾病都可能危及生命。

不良行为控制

尿液标记（喷尿）

尽管绝育猫可能仍然会在应激下进行尿液标记，但对于未绝育公猫，尿液标记是一种更为常见和频繁的行为，它们用带有浓烈气味的尿液来标记自己的领地，可能包括各种物品。整个母猫群体在发情时也会喷尿。绝育大大降低了尿液标记的发生率。

发情嚎叫

母猫在发情期"叫声"响亮而频繁。当公猫在交配季节察觉到发情母猫的存在时，也会大声喊叫。

争斗

与绝育猫之间的争斗相比，未绝育公猫之间的争斗更频繁、更响亮、更激烈，常常会导致一只或两只猫受伤。

游荡

未绝育公猫会游荡相当远的距离，以寻找发情母猫，这种行为会增加其面临道路交通事故和其他危险的风险。

何时绝育

幼猫在性成熟前就应该绝育。公猫可以在睾丸进入阴囊后立即进行绝育，为了避免怀孕，母猫应该在第一个发情期前进行绝育。母猫第一个发情期的时间会有所不同，大多数母猫在6月龄左右第一次发情，多年来这一直是传统的绝育时间。然而，有的幼猫在4月龄就会进入发情期（Joyce 和 Yates，2011）。

麻醉和手术有潜在的应激风险，为了尽量减少应激，绝育最好不与其他应激性事件同时进行，例如，疫苗接种和更换家庭。

"Cat Group"是一些致力于猫科动物福利的专业组织，他们建议在 4 个月左右对宠物猫进行绝育，对于那些早孕风险较大或以后绝育机会有限的宠物猫，建议在年龄更小时进行绝育（http://www.thecatgroup.org.uk/policy_statements/neut.html）。

参考文献

Joyce, A. and Yates, D. (2011) Help stop teenage pregnancy! Early-age neutering in cats. *Journal of Feline Medicine and Surgery* 13, 3–10.

Robinson, R. and Cox, H.W. (1970) Reproductive performance in a cat colony over a 10-year period. *Laboratory Animals* 4, 99–112.

附录 5
引入另一只猫

增加新猫之前要考虑的点

猫起源于一种以独居为主的物种，但是家猫已经进化出了社交能力，享受并得益于与它关系密切的猫的陪伴。然而，并非所有的猫都能够友好相处，和另一只可能被视为威胁或竞争对手的猫住在同一屋檐下是猫压力的常见来源，通常会造成行为问题，如打架和室内尿液标记。

如果已经养了一只或几只猫，那么了解一下可能会影响猫（或猫们）和新猫之间关系好坏的因素是明智之举。

猫的年龄

猫的年龄越小，它们越容易接受彼此。如果同窝出生的猫居住在一起直到成年，那么它们通常会继续保持像幼年时那样的亲密关系。但是，即使是没有血缘关系的幼猫，待在一起，也会比成年猫更容易建立和发展彼此间良好的关系。一旦猫成年，它们更倾向于把彼此看作对手而不是潜在的同伴。

早期与其他猫的接触

幼猫的时候（最好是 2~7 周龄）与成年猫（不仅仅是母猫）如果有过积极接触，成年后更有可能容忍其他猫。

与其他猫共同生活的经历

与其他猫积极的生活经历能增加接受的机会。但是如果原来的猫正因为最近失去了亲密的同伴而悲伤，那么引入一只成年猫或精力充沛的幼猫可能会增加，而不是缓解猫的痛苦（详见附录 6）。

把幼猫介绍给成年猫

即使幼猫能够接受它刚认识的成年猫，但一只吵闹和顽皮的幼猫对于一只

猫应用行为学

没有与幼猫共同生活过的成年猫来讲有时候可能太过了，甚至可能会吓到成年猫。

猫的健康

一只上了年纪的或身体欠佳的猫在它的核心领地内需要稳定的安全感。在这个时候引入其他猫可能会增加压力，对健康和公共福利造成更大的损害。

目前家猫之间的关系

如果已经在家养了不止一只猫，它们的关系状况可能会预示另外一只新猫能否被接受。如果表现出以下任何一种情况，那么新猫就不太可能被接受。

- 即使是温和的，偶尔也会打架。
- 室内尿液标记。
- 一只或者多只猫暴饮暴食。
- 守门行为：坐在门口或走廊上，通向有食物、猫砂盆或接近主人的区域。

以上任何一种情况都足以表明猫之间已经存在脆弱的关系。另一只猫的引入可能会导致其关系的进一步破裂和行为问题的升级。

正确地引入：增加新猫和原来的猫相互接受的机会

准备

气味引入

在把新猫带回来的前几天，将含有家里和狗气味的毛巾，带到猫居住的地方，例如，饲养员的家或救援中心。要求把这块布放在新猫的旁边。同时，带一些含有新猫气味的东西回家，让家中的猫探查。

准备安全屋

为猫准备一个单独的安全屋。这个房间应该安静，远离其他宠物（特别是其他猫）、小孩、噪声以及热闹的活动。

房间里应该包含猫所需要的一切。

- 食物。
- 水，放在远离食物的地方。
- 猫砂盆，放在远离食物和水的地方。

- 舒适且温暖的猫窝。
- 一些玩具。
- 隐蔽且"安全"的地方，如纸箱、能够到家具下方或高处的通道。

安全屋也应该设置在以后新猫容易进入的地方。与此同时，准备好迎接新猫的到来，确保房屋的其他地方有充足的空间供给猫隐藏、跳到高处，或以其他方式远离彼此（图 A5.1）。

带新猫回家

- 用特制的航空箱运送猫。将其抱起靠近胸部，而不是抓着把手，因为走路时的摇摆动作会使猫迷失方向，心情不愉悦。
- 带有窝中气味的布或物品应该放入猫笼中。
- 如果用汽车运送，猫笼应该用安全带或者类似物固定好，防止猫笼四处移动。
- 到家的时候，直接将猫笼带到提前准备的"安全屋"中。
- 打开猫笼，让猫自己选择进出。不要把猫拿出来，也不要大惊小怪。
- 允许新猫探索房间或选择它想要的隐藏区域。不要试图控制它或者把它从藏身处带走。给它点儿时间。
- 装有熟悉气味布的猫笼保持敞开，和它一起放进房间里，或者如果它找到

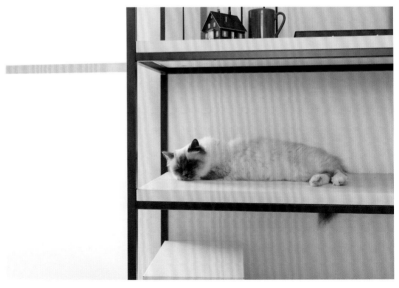

图 A5.1 确保屋子周围有足够高的区域和躲藏处，这样猫就可以根据自己的意愿避开彼此。

　　　　　　　　　　　　　　　　　　　　猫应用行为学

了另一个更喜欢的藏身之处，就把布放在那里。

- 在允许它进入房间的其他地方之前或者跟其他猫见面之前，让新来的猫在这个安全屋安顿下来，放松下来。

气味交换

可以让猫在相遇之前就习惯彼此的气味。也能预判它们可能如何相处。

- 用干净的干布轻抚新猫，特别注意以下部位：下巴下方、脸部侧面和身体侧面。
- 把这块布拿给原来的猫，让它闻一闻。然后，在它不排斥的情况下，用布抚摸它，就像对新猫做的那样。
- 再把布拿回去给新猫，重复相同的动作。每天这样做几次。

  好的信号： 闻过布后试图摩擦布或没有反应。很高兴被布轻拭。

  不好的信号： 远离布料，嘶嘶声或咆哮。不高兴被布轻拭。在闻过布后喷尿。

交换房间

一旦新猫在自己的房间里安定并且放松下来，尝试交换区域；换言之，将原来的猫关在新猫的房间内一小段时间，在此期间，新猫有机会去探索房屋的其他房间。像这样连续做几天。

介绍

到现在为止，所有猫应该意识到这个房屋内有另一只猫，如果每只猫看起来都很放松了，那么就应该循序渐进地介绍它们认识了。

- 首先，将新猫的"安全屋"的门开得足够大，这样猫们能够看见对方，也能嗅出彼此的味道，但不能接近对方，并且能退回到自己的安全领地。
- 玩游戏，如用逗猫棒类的玩具，提供一些美味的零食给它们，对它们来讲是一种彼此间建立良好关系的有效方式。
- 只要相处信号是好的，就经常重复，并在房子的其他地方重复。
- 如果相处信号继续往好的方向发展，可以让它们待在一起。当它们在一起的时候，继续玩游戏，并且提供零食。

  好的信号： 垂直举起尾巴；全身放松的身体姿势；缓慢眨眼；打滚；对玩感兴趣。

  不好的信号： 盯着另一只猫；耳朵向两侧扁平或向后转动；低身体姿态；对另一只猫更感兴趣，而不是玩耍或零食；快速晃动的尾巴；咆哮；发出嘶嘶声；试图逃跑；见过另一只猫后喷尿。

保持和平

在最初的介绍之后，如果一切顺利，猫不一定会发展出亲密的关系，如互相寻找彼此的陪伴和黏着一起睡觉，更常见的是，它们可能会彼此容忍，保持最小的压力或冲突生活在一起。以下建议可以帮助支持和维持这种关系。

- 确保新猫仍然可以进入它的安全屋，继续能吃到食物，并能在必要时使用安全屋的所有其他资源。
- 确保有许多容易进入的躲藏地点或者房屋中的高处，以便猫在感到受威胁后能撤退。
- 确保家里所有的猫都有足够的资源。
  - 在不同的区域喂养猫，并在其他区域提供额外的食盆。
  - 在远离食物的地方提供额外的水盆。
  - 猫可能不愿意共享猫砂盆，许多猫喜欢在一个地方排尿，而在另一个地方排便。关于猫砂盆的数量，正常情况下每只猫配两个猫砂盆。猫砂盆需要放置在彼此远离的地方。并排放置的两个或多个猫砂盆将被猫视为一个排泄点。
  - 确保有充足的温暖舒适的休息场所，这样它们不会被迫共享睡眠区域，除非它们关系亲密，否则这会让它们感到压力。
  - 确保猫有很多事情可做，而感到开心，并允许它们进行正常的猫科动物行为。例如，互动游戏，如逗猫棒玩具，追逐东西，撕咬和抓取；觅食玩具，漏食球，如果可能的话，也可提供慢食盆和室外通道（详见附录 1 和附录 2）。

© Trudi Atkinson.

　　　　　　　　　　　　　　　　　猫应用行为学

附录 6
帮助悲伤的猫

猫会伤心吗

猫的主人有时候会说，猫在失去伴侣或者家庭成员后，会表现出更多的叫声、踱步和寻找失去的伴侣等行为，随后就会食欲不振、性格孤僻和活跃度不高。这种行为可能仅仅持续几天或者数月。看起来猫确实会悲伤。

我们能做什么

再养另外一只猫可能不是个好主意

如果猫失去了亲密的伴侣，为它提供另一个"朋友"似乎是显而易见的解决办法。但是，很遗憾，这并不总是一个好主意，反而会增加，而不是减少猫所经历的压力和焦虑，原因如下。

● 尽管和另一只猫居住在一起，原来的猫也可能无法接受一个陌生猫，尤其是为失去的伴侣感到悲伤的时候。

● 如果新来的猫也是成年猫，它可能会把家里悲伤的猫当成竞争对手，并且对它表现出攻击性。

● 成年猫可能更容易接受幼猫，但是对于一只悲伤的猫来讲，活泼而吵闹的幼猫往往更难以应对。

用其他方式来帮助这只悲伤的猫会更好，后期再考虑介绍一个新同伴，那时它可能更能应对。

咨询兽医

如果猫没有食欲或昏昏欲睡超过 24 小时，联系兽医就变得特别重要，因为这些症状可能不仅仅是由于悲伤，也可能表明猫身体不舒服。

尽量让猫保持正常的生活习惯

常规和可预见性对猫来说非常重要。伴侣的失去已经造成正常情况发生一些变化，所以必须确保其他事情保持原样。

不要扔掉其他猫的猫窝等

猫窝、衣服等那些包含离开的猫气味的物品能够让还活着的猫感觉到一些安慰，逐步消失的气味可以帮助它应对，确认伴侣的离去。

陪伴猫

陪伴在猫周围是很重要的，尤其是当它想要安慰或者关心的时候，但应该让它主动靠近而不是强行关注它，因为这会让它产生压力，有时它可能更愿意独处。

其他的猫

除了失去同伴的悲痛之外，还必须意识到猫的离开可能对共同生活的其他猫产生别的可能影响。

其他家里的猫

在多猫的家庭中，一只猫的离世有时会打乱其他猫之间的关系。这种情况经常是短暂的，猫通常能在几周之内厘清关系。但是如果发生严重的打斗或者情况没有改善，最好寻求专业帮助，首先从兽医那里排除潜在的疾病因素，然后通过兽医推荐咨询合格的猫行为学家。

邻近的猫

如果猫被允许进出户外，失去的那只猫可能在保卫领地方面发挥着有效的作用。现在它不在了，其他的猫可能会进入这片领地，给留下的猫造成麻烦。如果发生这种情况，要确保邻近的猫不能进入房子和领地内，例如，花园。为家里的猫提供足够的隐藏场所，能站到高处，或者高于其他猫的地方和远离其他猫的逃跑路线。

参考文献

Carney S. and Halls V. (2016) Feline bereavement. In: *Caring for an Elderly Cat. Vet Professionals,* pp 113–117.

附录 7
介绍犬猫认识

在很多家庭中，犬猫和平共处。然而，情况并不总是这样，有时会出现对猫来说高度紧张甚至有潜在危险的情况（图 A7.1）。在购买新宠物之前要慎重考虑，精心准备和介绍，可能会减少这种情况出现。

如果有一只狗并正在考虑养一只猫

首先思考狗是否可能对猫友好，不幸的是，没有办法完全确定它在家里不会试图去追逐或攻击新来的猫，但是其过去与猫在一起的经历和它一般行为的某些方面可以表明是否适合和猫在一起。

狗幼年时和猫在一起生活过吗？ 幼年时（最好是在 12 周龄之前）与猫社交过的狗，成年后更可能将猫视为朋友。

狗以前和猫在一起生活过吗？ 它们的关系如何？如果狗追逐过之前和它住在一起的猫，那么它也有可能会追逐另一只新来的猫。然而，即使已经有一只猫，或者之前狗和一只猫能和平共处，仍然不能保证它不会试图追逐被引入到家里的新猫。

狗在散步时会追逐猫、兔子或松鼠吗？ 追逐猫或野生动物的狗也更有可能在家里追逐宠物猫。如果真的追逐并杀死了野生动物，这可能是最令人担心的。如果是这样的话，试图把猫带进同一个家庭是不明智的。

如果有一只猫并正在考虑养一只狗

有些猫更能接受家里新来的狗。大多数猫认为狗是天敌，然而，猫有多害怕以及它对狗的反应取决于它以前的经验和狗的行为。

猫和狗幼年时住在一起吗？ 猫在幼年时就和狗一起生活过，最好是在 7 周龄之前，成年后更可能将体型或品种相近的狗视为朋友。

猫以前对狗的感受是什么？ 它以前和狗住在一起过吗？如果住在一起过，那它们的关系如何？

　　　　　　　　　　　　　　　　　　　　　　　猫应用行为学

图 A7.1　尽管猫和狗可以和谐地生活在一起，应意识到狗会把猫当作玩具甚至是潜在的猎物，一些对猫有潜在危险的情况可能会发生。

猫在狗身边是害怕的还是具有攻击性的？害怕所有狗的猫，不管狗的行为如何，都很难去接受狗进入家中，而且如果与狗共同生活在一个家里，猫可能会遭受严重的慢性应激。

将猫引入到有宠物狗的家庭

选择猫

选择与狗有相似繁殖经验或类型的猫。由于不同品种狗之间的极端差异，即使猫与品种或体型相似的狗有很好的相处经验，它也可能不会接受其他体型或品种的狗。早期经验（7 周龄前）是最重要的，如果你想养一只成年的猫，这只猫在 7 周龄之后基本没有与狗相处的经历，那么早期经历的影响就会大大减轻。

准备

教会狗"看着我"的指令

在把新猫带回家之前，教会狗这个指令是一个好主意。这样当第一次把狗介绍给猫时，它就会有良好的反应了。

- 准备一罐小而美味的食物。最好是当主人坐下来之后再开始教这个指令，这样它就不会因为太远而无法抬头看主人。
- 等待狗看过来，或者有必要的话，将手向眼睛的方向移动来吸引它。
- 只要它看过来，就立即用响板或者说"好的"来标记这个好动作，然后给它一个奖励。
- 不要把食物拿在手上，从罐子里拿出食物奖励它。如果在训练的过程中总把食物拿在手里的话，当手里没有食物的时候，狗可能就不会做出反应。
- 重复上述步骤，直到它开始很乐意地看向主人，并且显然期待着奖励！
- 当它转身看向主人的时候，开始引入指令。这必须是一个当需要时最可能用到的一个词。且应该用清晰、愉快、激励人心的声音说出来，如"看"或者"看着我"。
- 一直重复这个动作让狗开始将这个词与它看向主人的动作联系起来。
- 在训练期间，当它看向别处时，使用这个指令让它看过来。
- 最终的目标是让狗看向主人而远离猫，但是建立干扰的过程需要逐步实施。

建立干扰

- 把一些平常的家用物品放在身边的地板上。当狗靠近来嗅查这些物品时，使用指令。一旦它看过来就立即用响板或者说"好的"来标记，然后给它一个奖励。
- 同样的东西放在更远的地方来重复这个动作。
- 用很多不同的物品重复这个动作，从无聊的物品开始，逐渐变成有趣的物品，如一个它最喜欢的玩具。同时在房子和花园周围不同的地方重复这些动作，直到狗意识到最能得到奖励的事情就是把目光从其他物品上移开，转而看向主人。
- 然后试着将它的注意力从更大的干扰物品上移开，如一个最喜欢的玩具，或者一位刚走进房间里"有趣的人"。

气味引入

在把新猫带回来的前几天，拿一块含有家里和狗气味的毛巾，到猫居住的地方，如饲养员的家或救援中心，把毛巾放在猫的旁边。同时，带一些含有新猫气味的东西回家，让狗嗅查并习惯。

评估狗在闻到气味时的反应。理想情况下，狗会保持冷静和放松，不会变得暴躁和激动。

准备一个"安全屋"

为猫准备一个单独的"安全"房间。这个房间应该安静，远离其他宠物、小孩、噪声以及热闹的活动。

房间里应该包含猫所需要的一切。

- 食物。
- 水，放在远离食物的地方。
- 猫砂盆，放在远离食物和水的地方。
- 舒适且温暖的猫窝。
- 一些玩具。
- 隐蔽且"安全"的地方，如纸箱、能够到家具下方或高处的通道。

同时，这个安全的房间应该在猫容易进入的位置，但是狗却不能。这可以通过使用婴儿门或在门上安装一个猫门来实现。

与此同时，为猫离开它的"安全屋"时做好准备，确保家里有足够的高处以及逃跑路线，从而允许猫能逃脱追捕或者能爬上狗接触够不到的地方（图A7.2）。充分利用婴儿门或者类似的东西，这样猫就可以进入一些狗不能进入的房子区域。

把新猫带回家

- 请务必将猫放在专门设计的航空箱中运输。将笼子贴近胸部而不是只握住把手，因为走路时的"摇摆"动作可能会使它迷失方向而感到不舒服。

图 A7.2 确保家里有很多猫可以进入，但狗不能进入的区域。

- 带有猫气味的毛巾或者猫窝应和猫一起放入猫笼。
- 如果是用汽车运输，猫笼应该用安全带或者类似的东西固定好，以防它四处移动。
- 当到家的时候，直接将带着猫的笼子带到提前准备的"安全屋"中。
- 打开猫笼，让猫自己出来。不要把猫抱出来或者过分关心。
- 让这只猫去探索房间或者根据自己的意愿躲起来。不要试着约束它或者从一个隐蔽的地方把它抱出来。给它一点时间。
- 让这个带有"熟悉气味毛巾"的笼子保持开放，和它一起待在房间里，或者放在它找到的更喜欢的藏身之处。
- 在允许进入房子的其他地方以及在见到狗之前，让猫在这个安全的房间里安顿和放松下来。这可能需要几天时间。
- 一旦猫在它的"安全屋"内安顿且放松下来，就可以让它在没有狗在场的情况下探索房子的其他房间。最好的时间就是当狗出去散步或者被安全地关在其他地方时。这只猫应该被允许去熟悉高处、逃跑路线和藏身的地方，这样它就能在第一次与狗见面的时候，明白哪些地方可以逃跑（如果有必要的话）。

介绍猫和狗认识

- 在狗对"看着我"的指令做出良好反应之前，不要试图进行介绍，同时，猫要在进行介绍的房间里感到舒适（这不应该是猫的"安全屋"）。
- 在介绍狗之前，猫应该被允许待在房间里感到安全且能俯视狗的高处。你可能需要用一些食物来鼓励它去一个合适的地方待着。
- 用引导绳把狗带到房间里，这根绳子应该牢牢地拴在一个正常的、舒适的扁平项圈或者背带上。引导绳不应被握得太紧；如果狗试图追赶猫，它只能作为一种保护措施。在任何时候都不应该试图惩罚狗，或者把它粗暴地拉回来。
- 当有猫在房间的情况下，狗表现出平静且放松的行为，则给予奖励。如果狗看起来对猫越来越感兴趣，使用"看着我"指令将狗的注意力转向主人。
- 如果猫希望的话，任何时候都可以让它躲起来或者逃走，不要试图约束它或者强迫它接近狗。
  重复这些动作直到感觉它们在彼此的陪伴下都足够的放松。

把狗带入有宠物猫的家庭

选择狗

选择一只已经和猫生活在一起且能和它们相处很好并且不追逐它们的狗。最好选择一只在 12 周龄前与猫有良好社交的狗。

准备

- 在将狗带回家之前，带一块含有猫气味的毛巾给它，同时评估它的反应。理想情况下，狗应保持冷静和放松，不会变得激动和兴奋。
- 同样地，在将狗带回家的前几天，带一件含有狗气味的衣服回家，让猫探查。
- 在狗允许进入的所有区域内，确保有很多的地方能让猫躲藏，爬到高处，或者其他可以远离狗的地方。充分利用婴儿门或类似的东西，这样猫就可以进入一些狗不能进入的房子区域。

把狗带回家之后

- 最初要把猫和狗分开。猫必须能够继续进入大部分正常区域进食、睡觉、排便，还可以去外面（如果对猫来说很平常的话）。
- 教会这只狗"看着我"这个指令，同时按照"介绍猫和狗认识"中的描述来介绍它们认识。

使用塑料分隔箱

有时建议使用塑料分隔箱、笼子或室内狗舍来引进宠物。把狗关在塑料分隔箱里，而让猫自由进出并慢慢习惯狗，只要狗习惯关在塑料分隔箱里，并在关起来后放松下来，这样做会起到很好的效果。如果没有，那么这可能会增加狗的不安，并潜在地破坏宠物之间的关系。

在狗或任何可能有威胁的动物被允许接近塑料分隔箱的情况下，猫绝不能被关在里面。如果猫被关起来，无法逃脱，这更有可能增加它对狗的恐惧。

附录 8
活动猫门

　　保持窗户微微打开是让猫自由进出的一种方式，但这可能会带来安全隐患。另一种选择是当猫想出去或回到室内时由主人开关门。但是，这不仅会带来不便，也会使猫感到沮丧，甚至感到压力，尤其是如果主人不在身边，而它又需要进出来排便或摆脱威胁以及应激源时。因此，对人和猫来说，安装活动猫门都是个好主意。

　　但是，由于活动猫门可能会允许其他猫进入屋内，因此，也可能成为猫的压力来源。所以，注意放置活动猫门的地方和类型可以减少麻烦。

安装猫门的位置

- 确保猫在室内和室外都可以轻松进出猫门。它现在可能很灵活，但是随着年龄变大，攀爬或跳跃使用猫门会让它感到不舒服或困难。另外，如果猫被追赶或被外面的东西吓到，则可能需要快速轻松地通过。如果只能安装在离开地面的地方，则需提供坡道或台阶以便猫通过。

- 将猫门安装在远离猫重要东西的位置，如食物、水和休息场所。食物，甚至只是在猫门附近的舒适猫窝都可能会鼓励其他猫进入，并占有这个重要资源，这可能被猫认为是入侵者的潜在进入点，这会对猫造成很大的压力。

- 猫砂盆的位置也应远离猫门。猫在使用猫砂盆时会有危机感，并且可能不愿意使用靠近出入口（如门口或猫门）的猫砂盆。

- 当在户外冒险时，猫离开家中的安全和保障，来到一个可能存在危险的世界中，如其他猫或邻居家的狗。因此，当猫穿过猫门到户外时，有时会有危机感，尤其是当它从昏暗的环境进入有明亮阳光的环境或相反时，会在几分钟内看不清楚。在进一步冒险之前为它提供藏身之处可以使它感到更加安全。一个好方法是将茂密的植物或类似物放在猫门的附近。但是，有些植物可能对猫有毒，因此确保选择的植物对猫安全是非常重要的（有关潜在的有害植物的信息可以通过国际猫护理机构网站 https://icatcare.org/

advice/poisonous-plants 查阅）。不要在附近放置大型固体物体，因为这些物体可以为其他猫提供有利的位置，以伏击从猫门出来的家猫。

猫门的类型

猫门最简单的类型就是猫可以直接推入的门板（尽管有些猫更喜欢用爪子拉开活动门！）。这些当然是最便宜和安装起来最容易的。然而，它们并不能阻止其他猫进入家中。因此，可以安装一个"专用"的猫门，即只有特定猫可以使用的猫门。

磁性或红外线开关

优点

● 相对便宜且易于安装。

缺点

● 猫需要戴上项圈，这可能会导致它被项圈困住并造成伤害，或者项圈可能脱落掉在外面，从而导致猫无法使用猫门进入。
● 红外或磁性锁定装置通常不足以阻止其他强壮并且执意闯入的猫。

微芯片感应

优点

● 猫不需要戴项圈。猫门的工作原理是读取嵌入在猫皮肤下的微芯片。
● 锁定装置通常比红外或磁力锁定装置更坚固。
● 可以根据需要在指定的时间段内限制猫的单向通过，如果有多只猫，则可以为每只猫都选择单独的设置。

缺点

● 通常更昂贵，并且由于设计原因，安装起来可能会更复杂。
● 仅当猫植入微芯片后才能使用（尽管某些制造商也可以提供项圈来激活设备）。
● 微芯片有时会在猫体内迁移到读取器无法识别的地方，这很少发生。但是，在购买微芯片激活的猫门之前，最好先让兽医检查猫的微芯片是否仍在原来的位置，并且易于读取。

训练猫使用猫门

不能期望猫能够在猫门装好后立即使用它。它需要了解猫门是什么以及如何使用。最简单的方法是撑开或者拆除活动门（如果可能的话），留出一个洞，猫可以通过它爬入和爬出。然后花一些时间，使用玩具或它最喜欢的零食以及大量的赞扬来鼓励它进出。任何时候都不要强迫它穿过猫门，因为这只会阻止它使用。使猫门保持撑开，让猫有时间去适应它。

一旦它完全有信心进出开着的猫门，就放下 / 装上活动门，但在可能的情况下，应关闭所有锁定装置，以便无需等待项圈或微芯片被读取即可将门打开。然后，再次用零食和称赞来鼓励它进出。猫能够推开活动门定期进出后，在激活锁定装置之前花几天时间使其完全习惯。

© Trudi Atkinson.

猫应用行为学

附录 9
训练猫响应呼唤

呼唤是通常情况下人类与犬建立联系的方法。训练猫响应呼唤来到身边也很可能成功，通常也十分容易，而且很有用。

（1）尝试找出猫最喜欢吃的零食。

（2）在手里或者口袋里准备一些它最喜欢吃的零食。

（3）如果它在同一个房间，同时距离不远的时候，发出一个特殊的声音来引起它的注意。可以叫它的名字，但请记住，当呼唤它的时候，它可能会有些距离，所以需要更独特，更响亮的声音，如口哨可能会更好，但是当猫在身边时，把音量调低，否则可能会把它吓跑，而不是鼓励它靠近。

（4）在发出声音后，一旦它来到身边，就给它一个美味的零食或任何它最喜欢的东西，对一些猫来说，这可能是抚摸或玩游戏。

（5）在房间的不同地方、不同时间重复。

（6）逐渐增加和猫之间的距离，最终可以把它从一个房间叫去另外一个房间。

（7）最终，当它听到特定的声音时，它将学会期待零食，这将鼓励它从家里的任何地方来到身边。

（8）如果猫被允许外出，就可以开始使用"呼唤"功能叫它进屋。在它离家很近的时候开始，重复几次，然后尝试等它走远了再呼唤它。

（9）最终，只要它一听到主人的声音，无论它在哪里都能够将它叫进屋内。

（10）最初每次它来到身边都应该得到零食，当它每一次都开始反应良好的时候，开始间歇性地给予奖励。并且奖励的质量和数量都应该变化。这种做法将使它对呼唤反应保持敏锐。

（11）同样重要的是，猫在其他任何时候都愿意接近，不只是呼唤的时候。可参见附录 17 并观看国际猫护理机构网站上的视频。

© Trudi Atkinson.

附录 10
猫、婴儿和儿童

对于成年人和孩子来说，猫都是友爱和令人满意的宠物，但有时也会出现问题，可能导致孩子被咬或抓，猫也会变得紧张和害怕。为了保证儿童或婴儿的安全，尽可能避免使猫变得紧张是明智的，因为一只紧张的猫更有可能出现行为问题，如室内尿液标记或攻击。

猫和新生婴儿

在婴儿到来之前

对于宠物猫来说，新生儿的到来是一段非常紧张的时期，所以提前做好准备很重要。

尽量不要让猫进入打算用作育儿室的房间。在婴儿出生之前就拒绝猫进入这个房间，会比出生后把它关在外面更容易。

让猫习惯新生儿和他的声音及气味。

- 在婴儿到来前，将婴儿需要的设备如婴儿推车、便携式折叠床、高脚椅等带到屋子里。允许猫嗅探、检查，逐渐习惯它们。一旦猫似乎接受了它们，就像它接受了房子里的其他家具一样，那么就开始定期在房子里到处移动它们，就像在婴儿出生后可能做的那样。
- 新生婴儿的声音有时会让猫感到厌烦，因此，让猫习惯婴儿的吵闹声是一个好主意，开始播放非常低音量的录音，随后逐渐增加声音的分贝。合适的录音可以在网上免费获得（如 https://soundcloud.com/dogstrust/sounds-soothing-baby-crying）。
- 如果婴儿在医院出生，就把包裹婴儿睡觉的毯子或类似物带回家，然后把它放在猫可以闻到的地方，让猫习惯这种气味。
- 在婴儿出生前至少 2~3 周安装信息素扩散器也有助于猫适应。

猫应用行为学

一旦婴儿到达家里

　　不要让孩子与猫单独在一起！孩子无人看管时，不要让猫和孩子睡在同一间屋子。有一个古老的迷信，猫会故意使在睡梦中的婴儿窒息，但事实上猫因为会被温暖吸引，所以猫可能会躺在婴儿的脸附近。同样地，猫的皮屑（从皮肤和皮毛上脱落的）偶尔会造成严重的呼吸道过敏反应（Herre 等，2013）。

　　尽可能让猫保持正常的生活习惯。一旦婴儿到来，家庭生活习惯必然会发生变化，但是对猫来讲它很难理解这点。

- 试着在猫习惯被喂食的时间和地点继续喂它。
- 继续让它进入熟悉、安全和舒适的休息场所。
- 像婴儿出生之前一样，尽可能多地继续与猫玩闹和互动。

猫和儿童

- 确保猫有一个如下安全的地方能够远离儿童。
  - 提供通往高架子或者橱柜顶部等的通道，或者提供一个高大而坚固的"猫爬架"。
  - 使用婴儿门为猫提供一个它可以进入但孩子不能进入的区域。
- 特别要确保当猫在进食或者睡觉的时候，孩子不要去打扰它。
- 为了防止孩子跟随或打扰猫，把他们的注意力转移到其他远离猫的"有趣"活动上。
- 教孩子如何适当地和猫互动（图 A10.1）。可能需要用自己的手去温柔地引导孩子如何友好地抚摸猫。

图 A10.1　教孩子如何适当温柔地抚摸猫。

- 如果猫很乐意被抱起来，教孩子如何通过充分的底部支撑来正确地抱猫。
- 如果猫不乐意被抱起来，劝阻孩子不要试图抱猫。但是尽量不要对孩子发怒，试着引导他转向玩具或其他有趣的活动。
- 任何时候都不要呵斥猫、打它或者试图对它进行身体上的惩罚，尤其是不能当着孩子的面。孩子经常模仿大人的动作，如果孩子试图模仿，猫可能会做出攻击性的反应。另外，猫可能会把主人的愤怒与不愉快的事情或孩子的存在联系在一起，而不是与它自己的行为联系在一起，从而将孩子视为威胁。
- 不要鼓励猫玩"攻击"手或脚的游戏。如果猫试图与孩子玩同样粗鲁的游戏，他们可能会受伤。
- 教孩子如果猫做了他们不喜欢的事情，先去告诉父母。年幼的孩子可能无法以最适当安全的方式处理这种情况。
- 如果猫身体不舒服，它可能没有什么耐性，所以尽量确保它健康成长。有规律地带它进行兽医检查，确保按照时间节点免疫、驱虫和进行除蚤治疗。
- 注意观察当孩子在附近的时候猫可能感觉不舒服的信号。
  - 摆动或拍打尾巴。
  - 耳朵往后或者两侧，变得扁平。
  - 降低身体想偷偷溜走的身体姿势。
  - "嘶嘶"叫。
  - 咆哮。
  - 试图逃跑。
  如果发现猫上述行为的任何一项，告诉孩子远离猫。

参考文献

Herre, J., Grönlund, H., Brooks, H., Hopkins, L., Waggoner, L., Murton, B., Gangloff, M., Opaleye, O., Chivers, E.R., Fitzgerald, K., Gay, N., Monie, T. and Bryant, C. (2013) Allergens as immunomodulatory proteins: the cat dander protein Fel d 1 enhances TLR activation by lipid ligands. *Journal of Immunology* 191, 1529–1535.

附录 11
在家训练猫

幼猫通过观察母亲的行为学会使用猫砂盆，这样当它们到达新家时，大多数幼猫已经接受过家庭训练，只要它们有合适的猫砂盆和猫砂，就不需要进一步的家庭训练了。

但偶尔猫还是会把房子的其他地方当成猫砂盆。最常见的原因如下。

猫砂盆的数量不足

猫通常更喜欢在一个区域排尿在另一个单独的区域排便。它们也可能不愿意和其他猫共用一个猫砂盆。由于这些原因，建议提供的数量至少是每只猫2个，在多猫家庭中，每多养一只猫就需要额外增加1个猫砂盆。

猫砂盆的位置

对于刚来的猫来说，猫砂盆一定要是容易接近和找到的。提供单独的猫砂盆也意味着提供它们单独的区域。如果猫砂盆被并排放在一起，猫可能会认为这是单一的排泄地点，并仍然在其他地方排泄。

猫可能不愿意使用一个被放置在以下位置的猫砂盆。

- **靠近食物或水**。大多数猫不喜欢在它们吃或喝的地方附近排便。
- **靠近窗户或玻璃门**。猫在使用猫砂盆时会没有安全感，如果它认为自己可能会被邻近的猫看到，它就会感到特别的危险。
- **在猫门或其他出入口附近**。猫进出房子出入口，也可以被视为外部竞争对手的潜在进入点。因此，这不是一个猫排便感到舒服的地方。
- **其他潜在的威胁或干扰的附近**：例如，在走道上，犬只的床旁边，一个经常打开的橱柜旁，孩子们玩耍的地方，靠近洗衣机或者其他嘈杂的家用电器，或者在其他任何猫有害怕或痛苦经历的地方。如果猫担心在"暴露"地方用猫砂盆，它可能偏好使用一个安静的"藏身之处"，例如，椅子后面、桌子底下或在一个安静的角落。

如果猫选择在放置猫砂盆以外的地方排便，可能在表示这是它最喜欢的地方。因此，在猫选择排泄的地方放置可能会鼓励它们使用猫砂盆。如果猫确实使用了猫砂盆，但它对于你来说不是一个理想的位置，你可以将它慢慢地（一天几英寸）移动到一个更合适的地方。

猫砂盆的大小和形状

- 一个猫砂盆应该足够大，可以让猫在身体任何部分（包括尾巴）不碰到侧壁的情况下转身，还要足够深，能够容纳足够深的排泄物，5~10厘米，这取决于猫的大小。然而，还要考虑到幼猫、体型小的猫或老年猫，它们可能很难进出一个太大或太高的猫砂盆。
- 患有关节炎的老年猫或有任何疾病导致运动困难的猫可以提供一个侧边开放的猫砂盆。一个盆栽托盘或背面高正面低的花园清洁处也可以用来作为排便场所。

有盖的 vs 无盖的猫砂盆

使用有盖的或无盖的猫砂盆是根据个体偏好和猫以往的经验决定的。有些猫觉得使用有盖的猫砂盆更安全，而另一些猫则拒绝使用它们。如果提供一个有盖的猫砂盆，有几点需要注意。

- **保持清洁**。因为一个有盖的猫砂盆会挡住我们的视线和嗅觉，所以很容易意识不到猫砂盆需要清洁。但是一个有盖的猫砂盆保持清洁和新鲜尤其重要，因为被困住的气味会很快变得强烈，这会阻止猫使用这个猫砂盆。
- **它已经足够大了吗?** 因为猫不喜欢在使用猫砂盆的时候让它们身体的任何部分接触到猫砂盆的侧面，所以大多数猫都不喜欢使用一个太小的有盖的猫砂盆。对于患有关节炎或类似情况的猫来说，这会使它们感到特别不舒服。
- **小心伏击**。当一只猫离开一个有盖的猫砂盆时，这可以为敌对的猫提供一个伏击和"攻击"的机会。如果发生这种情况，猫会很快拒绝使用有盖的猫砂盆。

"错误的"猫砂类型

猫砂是猫刨动用来掩埋排泄物的东西。猫使用什么样的猫砂可能也是根据个体偏好和以往的经验来决定。

- **新的或不一样的猫砂**：猫可能不想使用在质地或气味上与它惯用的不同的猫砂。
- **不干净的**：有些猫可能比其他猫更挑剔，会拒绝使用一个脏的猫砂盆。最好是每天铲除所有粪便和团块一次或两次，并每周完全清洗猫砂盆一次或两次。
- **有香味的**：猫有非常敏锐的嗅觉，对我们来说很有吸引力的气味对猫来说往往是无法忍受的。猫十分反感使用一个有香味的或在潮湿时会释放出气味的猫砂，尤其是在一个充满气味的有盖猫砂盆里。同样适用于有香味的猫砂盆衬垫、空气清新剂或其他靠近猫砂盆使用的香味产品或设备。
- **太浅的**：大多数猫喜欢挖一个尺寸合理的洞来排尿和排便。如果不能提供足够深的猫砂，它们就无法这么做了。
- **不舒服的**：猫砂需要便于刨动和行走。这对那些年老的、在猫砂里行走或挖出团块感到困难及不舒服的受伤猫来说尤其重要。
- **塑料猫砂盆衬垫**：会阻止猫使用猫砂盆，因为在试图刨动时，猫的爪子会被衬垫勾住。

使用"室外"排泄处

如果猫被允许外出，主人可能更喜欢它在外面排便，而不是在家里。通常最好让猫自行选择使用室内或室外的厕所。

鼓励猫在外面排便

- 如果猫已经学会了使用猫砂排便，那么可能需要帮助它从使用猫砂变成使用土壤。可以把外面的一点土壤混合到猫砂盆里，逐渐增加土壤的含量，每次只添加一点。
- 同时，在周围土地上选择一个希望使用的区域，放置一点用过的猫砂，这样就把气味转移到了外面。猫更有可能使用远离房子的地方，这使它们感到部分地被隐藏起来，所以最好的地方可能是灌木丛，但如果你的猫选择了不同的地方，也无需感到惊讶。
- 如果猫感到在外面是易受攻击的，也可能不愿意去外面的排泄处，在幼猫看来，户外很大是一个令它畏惧的地方，所以在它觉得自信之前，它可能会更倾向于使用室内的猫砂盆，也有可能会持续很长一段时间。所以不要试图转移室内的猫砂盆，直到确定它可以冷静从容地出门。如果过早地把盆拿走，可能会发现它在室内已经找到了另一个不太合适的地方，用作排泄处！

- 永远不要完全拿走猫砂盆，例如，当外面有烟花或者当猫不舒服的时候，它需要被关在室内，这时就需要猫砂盆。
- 提供一个专门建造的户外排泄处可以帮助鼓励猫在户外排便。这样更容易保持清洁，也可以减少花园的其他区域被用作排泄处的风险。
  - 最好的位置通常是在花园的边缘，周围是灌木丛，猫可以很容易地进入，且提供了一些隐私的地方。
  - 挖一个直径比平均猫砂盆略大的洞，45~60厘米深，然后用塑料在里面排列铺衬。
  - 1/3用鹅卵石填上，在上面铺上游乐场用沙子。
  - 经常清除脏的团块（每天一次），必要时添加新猫砂。

家庭训练"意外"

如果猫确实在房子里远离猫砂盆的地方排便，正确处理这一点是很重要的。

不要试图惩罚猫。在事件后惩罚是没有意义的，因为它无法在主人的"纠正"和排便行为之间建立联系。"当场"抓住猫也会适得其反，因为猫更有可能避免在主人出现时进行排便行为，这可能导致猫会找一个远离人的安静角落用作排泄处而不是使用主人附近的猫砂盆。

清洁区域。猫可能会重复使用它们以前用作排泄处的区域，并且可以被尿液或粪便的残留气味吸引回这个位置。

- 首先用大量的温水清洗这个区域。
- 先在一小块区域进行测试，用10%~20%的生物洗涤剂溶液或专用酶促"气味消除"产品清洗（避免使用漂白剂或含有漂白剂的产品）。
- 冲洗，干燥。
- 用医用酒精擦拭或喷洒（也是先测试一小块区域）。

遗憾的是，由于尿液会浸入地毯、垫子、其他多孔表面和室内装饰品，不能总是做到充分清洁，有时有必要移除严重污染的物品或地板覆盖物，并阻止猫进入该区域，直到它被彻底清洁。如果这是一块需要被清洗的地毯，同时也要移除任何衬垫物，如上所述彻底清洁下面的地板，然后离开裸露区域至少一周，以便其"通风"。当更换地板时，通常最好选择一个与以前的地板纹理非常不同的新地板，因为猫可能更喜欢使用以前的地板和类似纹理的材料。

如果问题持续存在

如果上述所有问题都已经解决，你的猫仍然在不合适的地方排尿或排便，那么有必要寻求专业帮助。

行为问题通常与潜在的健康问题有关，所以让兽医检查是很重要的。如果兽医没有发现任何疾病，或相关的健康问题已治愈，但行为问题仍然存在，那么问兽医是否能转介给一个有适当猫科动物行为知识和经验的合格行为学家。

行为问题还是气味标记

猫也可能在房子周围留下尿液，作为一种气味标记。猫撒尿是生理原因还是用尿液来作为一种气味标记（一种被称为"喷尿"的行为）的主要区别在于猫撒尿的姿势。如果是生理原因，它会蹲下后腿，尾巴水平地伸出在身后。而一只正在喷尿的猫，则是站着向后喷尿，通常是踮着脚尖，尾巴垂直翘起。喷尿是猫交流的正常组成部分，但如果在室内喷尿，这不仅会让人感到不愉快和无法接受，如果是绝育猫，也可能是它紧张和不安全的迹象。如果猫是这种情况，要带它去看兽医，排除任何潜在的疾病因素，并解决可能的压力问题，这可能需要一个合格的和有经验的行为学家的帮助。

© Trudi Atkinson.

本附录根据知识共享署名 – 非商业性使用 – 相同方式共享 4.0 国际许可证发布（http://creativecommons.org/licences/bync-nd/4.0/）。

附录 12
训练猫适应航空箱

目的地是兽医和猫舍，常会导致猫不愉快的出行体验，如果猫将航空箱与这种体验联系在一起，那么它不愿进入航空箱也就不足为奇了。强制将它放入航空箱会使情况变得更糟，常常使猫变得非常恐惧，以致它一看见航空箱就跑开。因此，最好通过改变它对航空箱的认识，让它接受航空箱，使它对航空箱的印象从前往令其不安的地方的可怕装置改变为一个安全、舒适的地方。

如果猫已经对当前的航空箱产生了强烈的消极关联，那最好购买具有以下特点的新航空箱。

- 它应该由坚固且易于清洁的材料（如塑料）制成，并且要足够大以舒适地容纳猫。它应该有一个正面或侧面的门，如果也能从顶部打开则更实用。最重要的是，航空箱的上半部分应该能够完全拆下（图 A12.1）。
- 确保前门或侧门无需拆开航空箱，就可轻松卸下和更换。还要确保它不是朝中心铰接的，因为这可能使门无法完全打开。
- 将两侧箱体分开的夹子应坚固，并保持固定在航空箱上。较小的夹子很容易折断，可以移除的夹子则很容易丢失。

图 A12.1　最佳类型的航空箱要求可以分为两半，并且有一个正面或侧面的门。

训练猫接受航空箱

- 如果航空箱已经使用过（即使是很久以前），也要洗净并干燥，以去除可能会给猫带来不良回忆的残留气味。

- 移去航空箱的上半部分，并在下半部分放置一些柔软舒适的垫子（猫通常喜欢柔软的绒毛材料，如果它已经有猫自己的气味／主人的气味，也可以提供帮助）。

- 将航空箱的下半部分放置在猫认为已经安全，温暖和舒适的地方。

- 在将猫放入航空箱之前，应先将合成的面部激素喷入航空箱中，这可能有助于猫将其视为安全的地方，一些猫喜欢的零食也可能有助于鼓励猫进入航空箱。将航空箱放置在适当的位置，让猫习惯它，将它作为舒适安全的床。

- 猫可能需要几天或几周的时间才能完全放松，并习惯航空箱的下半部分。理想情况下，它应该定期使用它作为休息和放松的地方。但是，如果几周后它仍然不愿意靠近航空箱：① 确保它位于对猫来说是安全且有吸引力的地方。② 尝试下文所述的鼓励措施。

- 一旦猫在航空箱的下半部分完全放松后，即可装回上半部，但不能装门。

- 即使以前习惯了下半部分，大多数猫也会对上半部分装好后的航空箱保持戒备，但是随着时间的流逝，有些猫会很乐意进入航空箱，甚至可能继续将其用作床。对于其他猫，则可能需要额外的鼓励，尤其是如果猫以前在航空箱中有过糟糕的经历。

食物奖励

通过将一些喜欢的零食扔进航空箱内，或者通过在航空箱侧面或背面的板条上戳一些棒状食物，可以轻松地鼓励某些猫进入航空箱。但是，其他猫则需要缓慢而温和的鼓励，如下所示。

- 将猫最喜欢的零食放置在远离航空箱，使猫感到安全的地方。如果它在取零食时勉强或迟疑，则将零食移到距离航空箱更远的地方，能够让猫取食时没有任何恐惧和迟疑。

- 逐渐将零食放置在更靠近航空箱的地方，但是如果猫表现出任何恐惧或迟疑，则把零食放回到以前的地方。慢慢地进行鼓励，直到猫高兴地走进航空箱里面采食。

- 在训练过程中建议频繁使用零食奖励，训练完成后，仍然应该给予食物奖励，可间歇性提供而不是一直使用，这将有助于保持猫的学习行为。但是，有时也可能无法给猫提供零食奖励。

使用舒适安全的猫窝来鼓励

可以让猫将航空箱中的垫子视为安全和放松的地方。

- 使用能舒适地放在航空箱中的垫子或猫窝。理想情况下，使用猫用过的猫窝。

- 首先，将猫窝放置在远离航空箱的位置，然后在其上放置零食来将猫引向猫窝。

- 但是，目的不仅是要教猫走向猫窝，还需要学会在那里睡觉和放松。

- 如果猫立即躺下并在床上放松，这是理想状态，并且应该给猫额外的零食作为奖励。如果它不躺下来放松，可能需要逐步教它这样做。

- 开始的时候，猫仅仅站在床上就可以给予其额外的零食。但是之后只有在坐着时才应给予零食，一旦它坐着的次数多于站立时，则仅当猫躺下时才给予零食。

- 当猫释放放松的信号时也要奖励它，如理毛或侧躺。可以通过轻声交谈和抚摸来帮助它放松，尤其是抚摸下巴下方和嘴角处的脸颊。

- 一旦猫频繁在猫窝里躺下和放松，就可以开始将猫窝逐渐移近航空箱。但是当猫在猫窝里的时候永远不要移动它！

- 在每个移近的阶段，把猫引诱到那里，并鼓励它放松。

- 最终，可以将猫窝放在航空箱内，但这也需要逐步进行。首先将其放置在门的边缘，然后慢慢并逐渐将其移入航空箱。

玩具鼓励

对于某些猫来说，游戏可能是减轻恐惧并鼓励它们靠近而进入航空箱的最佳方法。

- 使用最喜欢的逗猫棒在航空箱附近玩游戏。与零食鼓励一样，如果猫不想玩，就增加与航空箱的距离，然后逐渐减小距离。

- 如果猫乐于在非常接近航空箱的地方玩耍，则可能通过一个合适的玩具来鼓励它进入航空箱。例如，穿过航空箱缝隙的羽毛，或者将绳线玩具通过背面或侧面的缝隙穿过航空箱。

- 使用游戏的唯一缺点是，这会增加猫的兴奋度，但我们希望猫能够在航空箱中或周围放松。因此，一旦使用玩具减轻了猫对航空箱的恐惧，建议之后使用零食和令它感觉"安全"的猫窝来鼓励猫放松。

关闭航空箱的门

一旦猫乐于在没有安装门的情况下进入航空箱，则要教它习惯被关在航空箱中。

- 重新装好门，但保持打开状态，并像以前一样鼓励猫进入航空箱。
- 将门打开一段时间（对于紧张的猫至少要几天），让它适应。
- 用零食鼓励猫进入航空箱，然后关上门一两秒钟。称赞它，打开门，然后在航空箱内给它另一块零食。
- 逐渐增加关门时间并且给它零食。
- 当猫被关在航空箱中时也可以穿过关着的门给予零食。
- 如果猫有任何痛苦或恐慌的迹象，立即让它离开航空箱。

出门

在带猫出门之前，它需要习惯在航空箱中从一个地方移到另一个地方。

- 当猫在箱中时，轻柔地移动航空箱，例如，沿地面轻轻滑动或缓慢稳定地将其抬离地面。将航空箱放到牢固的表面上，然后将零食放入航空箱中。
- 当拿起航空箱时，紧紧握住手柄并托住下面，不能仅握住上面的手柄，因为任何摇摆晃动都会给猫造成不适。将猫带到房屋和花园周围，让猫习惯在航空箱中移动，先从非常短的距离开始，然后从一个房间到另一个房间。当停止时，将零食放入航空箱中奖励猫。在它出去的时候也给它食物奖励。
- 下一步是将航空箱放在车中，并通过箱上的缝隙喂一些零食。首先在不启动车的情况下执行此操作，然后在汽车引擎运行的情况下执行此操作。
- 固定好航空箱，使其在旅途中不会四处移动。如果有足够的空间，将航空箱放置在脚踏上而不是座位上。
- 带猫在"街区附近"短途旅行，然后回家。每次回到家时，给猫特别美味的一餐或让它参与最喜欢的游戏。
- 在出行过程中和到达时，用轻质毛巾或小床单盖住航空箱可以防止猫看到令它受惊的东西。偶尔抬起遮盖物查看一下猫的状态是否还可以，不要使用太厚或太重的物品，以免限制航空箱中的空气流通。
- 稳步行驶，尽最大努力避免颠簸、突然停车或加速。
- 如果猫习惯了在家中播放音乐或广播，在汽车中播放相同的内容，可能有助于猫忽略不熟悉和恐惧的声音。
- 绝对不要让猫留在无人看管的车上，尤其是在炎热的天气。
- 一个航空箱只放一只猫。

本附录是在国际猫护理机构的帮助下编写的，我建议观看以下视频：

Encouraging your cat to be happy in a cat carrier

Getting your cat used to travel

Putting your cat in a cat carrier

这些视频可以通过以下链接观看：https://icatcare.org/advice/cat-handling-videos。

参考文献

Bradshaw J. and Ellis S. (2016) *The Trainable Cat. How to Make Life Happier for You and Your Cat.* Allen Lane, London.

附录 13
给药

混在食物中

液体和粉末很容易与食物混合。小药丸和药片也可以藏起来，但较大的药片可能需要压碎。然而，有些药丸或药片必须整片服用，所以在试图压碎或分解之前，一定要咨询兽医或阅读说明书。还要确保药物可以与食物一起服用。

试图在食物中给猫用药之前需确定如下事项。

- 通过实验确定一种既是猫喜欢且适合给药的食物。每只猫都是不同的，不是所有的猫都喜欢同一种食物。

- 如果猫已经被规定了一种特殊的饮食或兽医已经建议某些饮食限制，就需要商量一下可以吃什么，不能吃什么。

- 最好选择软质食物，这样药物就可以很容易地与之混合。味道和气味强烈的食物会更好地掩盖药物的味道和气味。把食物稍微加热到与体温相近的温度也能提升气味，这样可以使食物对猫更有吸引力。

- 思考每天需要在何时喂药以及喂几次，并在这些时候开始喂它少量这种不含任何药物的"特殊"食物。这将教会它在这些时候期待这种特殊的食物，并减少对食物改变和新食物的怀疑。

- 在吃其他食物之前先喂特殊食物，这样猫就是饥饿的状态。

- 药片可以用特制的"破壁机"压碎。可通过相关网站上的视频了解如何使用。把药物混合到食物中时，确保有足够的食物来掩盖药物，但也不要给太多，避免那些没有与药混合的食物优先被食用。

- 可以放在碗里，也可以用勺子末端喂猫。

- 另一种选择是使用专门用于喂药的食物，这些食物通常是半软的，且被设计成能够隐藏药丸于其中的样子。同样，像奶酪或其他软性食物也可以包含药物在其中。关于如何操作，请参见相关网站视频。

给猫喂药

如果药丸或药片不能与食物一起服用，那么唯一的选择就是直接喂药，喂药最好由两个人一起操作：一个人抱着猫，另一个人给猫喂药。

保定建议

- 将猫放在毛巾或毯子覆盖的桌子或工作台上。
- 猫应该背对着人。
- 把猫抱在怀里，防止它向后移动，并轻轻地把每只腿放在肘部上方，这样它就不会向前移动，也不会抬起它的前肢。
- 使用毛巾。
  - 把猫放在一条大毛巾上。
  - 用毛巾轻轻地紧裹住猫，这样只有它的头是自由的。
  - 抱猫方式如上所述。

给药建议

- 提前把药放在右手的食指和拇指之间（如果是惯用右手）。
- 把左手放在猫的头上，右手的食指和拇指靠在猫的嘴角上。
- 用左手轻轻向后倾斜猫的头，用右手空闲的手指轻轻掰开下颚，张开猫的嘴，并在猫的下门牙上轻轻施加压力。
- 尽量把药放在猫的舌头上。
- 降低猫的头部。
- 用注射器或勺子喂一点水到猫的嘴边，鼓励它吞咽。不要直接把水射入猫的喉部。给猫吃一点可口的食物也有助于确保药物被吞下。
- 如何给猫喂药，请到相关网站查找相关视频。

利用给药器

这是一种类似注射器的装置，它可以装药丸或药片，可以很容易地把药丸或药片放在猫的舌头后面，不再需要把手指伸进猫的嘴里。请到相关网站查找如何正确使用给药器的视频。

胶囊

空的胶囊可以通过宠物医院获得，它可以用来掩盖药丸的苦味，在需要同时给予多个药丸或片剂时非常有用。这些东西必须用水冲下去，以免卡在猫的喉咙里。确保它们的大小合适，喂的药物不能太大，否则猫不容易吞咽。

涂抹黄油

给药丸或药片涂上一层油脂或黄油可能更易于吞咽，也有助于掩盖药物的味道。

液体给药

液体给药或在水中压碎药片应以 0.5 毫升左右的量，少量多次注射或用勺子喂到猫的嘴边，这个量是猫可以舒服地吞咽下去的量。

点涂治疗

- 轻轻分开猫颈后的毛发让它提前做好准备，然后给它一些食物并轻抚它。
- 当猫没有将注意力放在被分开的毛发上时，蘸湿的手指触碰它颈后毛发被分开的地方，然后给它一些食物做安抚。让它习惯颈部湿湿的感觉。
- 进行点涂治疗前，先把药物在口袋里放一段时间预热。
- 把治疗药物涂在猫颈后舔不到的地方。
- 如果需要保定猫，请参照前文操作。
- 欲了解如何实施点涂治疗，请到相关网站查找相关视频。
- 在实施任何点涂治疗之前，必须确保这个药物适合猫，因为某些对狗适用的药物可能对猫是剧毒的。

如果给猫用药方面仍然有困难，请咨询兽医或兽医护士 / 技师。他们可能会帮忙给猫用药，或者兽医可能会提供其他更可口或更容易给药的产品，其中含有相同或类似的药物。

本附录中的视频链接来自国际猫护理——https://www.icatcare.org. 其他有用的猫操作视频可以通过以下链接获得：https://icatcare.org/advice/cat-handling-videos。

© Trudi Atkinson.

附录 14
训练接受兽医检查

对许多成年猫和幼猫来说，去看兽医并接受体检可能是一种被侵扰且不愉快的经历，除非猫能够将这种经历与愉快的事情相关联，并完全习惯这件事，如被给予美味的食物。

- 先为猫准备食物。这些食物可以是干粮，也可以是一些用勺子喂食的软性食物，如金枪鱼泥、肉酱或酸奶。食物应该放在一个罐子里，最好是有盖子的，尤其是如果猫会试图偷食物的话。
- 开始训练的时候，确保猫是放松但没有睡着的状态。
- 每次训练时集中精力在一个区域。
- 把食物（或软性食物）放在附近，并在每次检查后立即奖励。
- 从轻微的操作开始，逐渐增加，使猫对操作保持舒适。在进行下一阶段训练之前，始终确保猫已完全适应。
- 不要强迫猫顺从，也不要对它发怒或不耐烦。如果猫出现痛苦或不适的迹象，请立即停止。
- 训练时间要短，每次不超过几秒钟，但尽量每天至少重复一次。

检查口腔

（1）先轻轻抚摸猫一侧的上下唇几次，给予奖励，然后在另一侧重复。在这样做了几次之后，同时抚摸两边，然后给予奖励。

（2）轻轻地微微打开猫一侧嘴唇，然后另一侧，给予奖励。

（3）每天都要这样做——每次都要慢慢地抬起嘴唇，让牙齿露出一点。

（4）同时张开嘴——轻轻地握住猫的头顶，用食指和拇指轻轻地抬起上唇，然后将另一只手的一个或多个手指放在下颚前部，向下拉以张开嘴。像以前一样，先把猫的嘴张开一点点，然后在每次训练中逐渐增加。

（5）要了解如何操作，请到相关网站查找相关视频。

检查耳朵

（1）先轻轻抚摸耳朵，然后给予奖励。

（2）轻轻握住猫耳朵尖，轻轻地抬起耳朵，露出耳道，然后给予奖励。

（3）逐渐增加这个动作，使耳瓣完全向后折叠，露出并检查耳道。**除非兽医或兽医护士/技师建议，否则不要将任何东西放在猫的耳朵里**。

（4）欲了解如何操作，请到相关网站查找相关视频。

检查脚和修剪指甲

（1）轻碰猫的脚，然后给予奖励。

（2）接下来轻轻握住猫的脚，然后给予奖励。

（3）下一步是握住并轻轻地揉搓猫的脚，逐渐增加施压，最终伸出爪子。小心慢慢来。在做这件事的同时给予猫食物奖励。用勺子末端喂猫吃糊状食物是个好主意，因为猫舔糊状食物需要时间。

（4）只有当猫很高兴它的脚被抓住，爪子被伸开时，才能开始修剪它的指甲。

（5）首先让猫习惯于看到和感觉指甲钳，让它检查它们，给它一个奖励。然后用指甲钳碰它的脚，给予奖励。

（6）当夹住猫的指甲时，要小心只夹住爪子的末端，以免碰伤指甲内的血管和神经末梢。开始时只剪几个指甲或最多只剪一只脚上的指甲，然后给予奖励。

（7）逐渐增加指甲的数量，剪后给予奖励。但如果猫变得不安或苦恼，一定要停下来。

如何让猫习惯于检查脚和修剪指甲，请看国际猫护理机构网站上的链接：https://www.icatcare.org. 其他有用的猫操作视频可以通过以下链接获得：https://icatcare.org/advice/cat-handling-videos。

附录 15
常见猫科动物行为问题的急救建议

以下建议只是为了在短时间内帮助管理猫的行为问题，有助于防止当前问题进一步恶化。在对猫为什么会有这样的行为有了很好的理解之前，不能给出解决问题的具体建议，这只能通过行为研究和兽医调查的结合来实现。

问题的一般建议

不要试图体罚或斥责猫。这包括向猫喷水或喊叫。猫不会理解人为什么生气，试图惩罚它不太可能成功，更可能让它害怕人。如果试图惩罚或斥责猫，导致其疼痛或恐惧，问题可能会升级，或出现其他更严重的行为问题（图A15.1）。

行为问题往往与医学疾病有关，因此，需要对猫进行兽医检查，以排查任何潜在的病因或促成因素。如果行为问题持续或严重，那么通过宠物医院向一个有资质的猫行为学专家寻求专业帮助是十分重要的。

随地便溺

猫在错误的地方便溺（为了排泄）还是标记气味

如果猫在错误的地方排泄：

- 它会蹲下来小便或者大便。
- 会发现地面上有水迹，通常在地板上。
  如果它是为了排泄，那么第一件要做的事情是什么？
- 确保猫至少有一个猫砂盆。
- 试着把一个猫砂盆放在现在猫排泄的地方。如果猫使用这个猫砂盆，之后可以将猫砂盆放置在一个更合适的地方。
- 尝试提供额外的猫砂盆——许多猫喜欢在一个区域排尿，在另一个区域排

图 A15.1 不要试图惩罚猫。这不太可能成功解决问题，如果惩罚导致猫痛苦或恐惧，则问题可能变得更糟，也有可能出现新的行为问题。

便，因此也要确保猫砂盆之间有足够的距离。

- 如果你最近换了一种不同的猫砂，那就换成原来的。
- 确保猫砂盆经常和彻底地清洗。
  - 每天移除 2~3 次脏和湿的结块或者当它们出现时立即移除。
  - 每周清理 1~2 次猫砂盆并换新的猫砂。
- 确保猫砂盆远离猫的食物、水、门、窗，或者任何使猫感到不安的地方。
- 确保猫砂盆足够大，让猫感到舒适。能让它们有足够的空间供猫刨砂和掩埋粪便。
- 用 10% 的生物洗涤剂溶液清洁室内的脏污区域，冲洗干净，然后用酒精轻轻擦拭或喷洒（每次先测试一小块区域）。
- 尽量让猫远离它经常弄脏的地方：关门，用家具挡住通道，或用坚固、不渗透且易于清洁的覆盖物覆盖（详见附录 11）。

如果猫是为了标记气味：

- 猫会站起来，将尿液向后喷射到垂直表面上。
- 你会在墙壁和其他垂直表面上发现尿迹，有时还会顺着墙面留下来，在下面形成水迹。

如果它正在做气味标记（喷尿），首先要做什么？

- 如果未对猫进行绝育，且猫不用于繁殖，应尽快安排绝育。尿液标记是一种正常的行为，也是未绝育公猫性信息传递的一部分。未绝育的雌性在发情期中也会以这种方式进行气味标记。
- 禁止猫进入它们最常排泄的区域，除非这会导致其他区域的尿液标记增加。
- 用 10% 的生物洗涤剂或除臭产品清洁标记区域，充分冲洗，然后用酒精轻拭或喷洒（每次先测试一小块区域）。
- 使用 3% 的合成猫面部信息素喷雾剂可能有助于改变气味标记中传达的信息。为了使其有效：① 在使用生物洗涤剂或除臭产品后，彻底冲洗该区域，或者根本不使用信息素喷雾剂，因为这些化学物质也会使信息素失效。② 每天用信息素喷雾剂（4~5 次）充分喷洒该区域，持续 3~4 周。如果猫再次标记相同的区域，请像以前一样清洁该区域。
- 应激很可能是潜在原因。兽医或护士 / 技师建议的旨在减轻或管理猫应激的产品可能会有所帮助。
- 写日志以帮助确定可能的压力来源。

攻击人类

误伤

并不是所有的咬人和抓挠人行为都是有攻击性的。当猫玩耍时，是在练习捕猎或防御技能，这意味着它会用到牙齿和爪子，所以如果玩耍是针对人类的，很容易被误认为攻击。

如何判断是否只是玩耍：

- 猫很可能扑过去，咬移动的手和脚。
- 不发出任何声音。
- 猫的身体姿势很可能是向前和警觉的（图 A15.2）。

应该怎么做？

- 如果猫持续攻击，请先保持静止。移动会引发进一步的咬伤和抓伤。当猫松开它的爪子时，慢慢地收回手或脚。

图 A15.2 典型的"游戏"身体姿势，如果对人的攻击是玩耍，就更有可能被看到这种姿势。

- 试着把猫重新引导到一个移动的玩具上。
- 不要鼓励猫和手或者脚玩耍。
- 多用玩具和猫玩耍，让手远离猫正在玩的那些玩具，如逗猫棒、电动玩具和"追咬"玩具（图 A15.3）。

  如何判断这是否是侵略性？
- 当人靠近或者触碰它的时候猫会变得有攻击性。
- 猫很可能会发出"嘶嘶"声、喀声、低吼或发出尖锐的叫声。
- 猫的身体姿势很可能会向后退并降低，耳朵向侧面或向后弯折（图 A15.4）。

  应该怎么做？
- 立即停止任何互动，如果它表现出感到害怕、激动或愤怒的迹象，并可能

图 A15.3 鼓励猫玩不涉及人类互动的玩具，或者让双手远离猫的牙齿和爪子，这些都有助于限制猫对人的"游戏性质的"捕猎性攻击。这些玩具也可以用来转移猫的注意力。

图 A15.4 这是典型的当猫害怕或者呈防御性攻击状态时的身体姿势。

变得具有攻击性，不要试图接近猫，例如，耳朵向侧面或向后折、煽动尾巴、瞪大眼睛、瞳孔扩大、低吼或发出"嘶嘶"声、竖起它的毛或尾巴。

- 离开房间，保护自己和其他人或动物的安全，但要小心不要阻挡了猫的逃生路线。
- 尽量保持冷静，不要大喊大叫，猛烈攻击猫，或者做出突然移动等可能导致猫攻击的动作。
- 如果猫在抚摸过程中变得有攻击性，那就将抚摸时间变得非常短。
- 寻求兽医的建议，并尽快寻求认证的行为学家的建议。
- 与此同时，尽量避免可能导致侵略的情况，穿"结实"的衣服来保护自己。

如果有人被严重咬伤或抓伤：

- 用肥皂和自来水彻底冲洗该区域，并立即就医，特别是当儿童、老年人或免疫力低的人。如果在被咬或抓伤后感到伤口周围疼痛、肿胀或红肿，发烧或头痛，必须立即就医。

多猫家庭中的打架

是玩耍还是打架

如果是玩耍：

- 猫更有可能平等地追逐和交换角色。
- 猫爪保持缩回，撕咬是受控制的。
- 没有或很少有叫声。
- 玩耍后，猫仍会想要互相保持接近，互相梳理毛发或靠得非常近或触摸彼此。

应该怎么做？

- 允许它们玩，只有在升级为打架时才进行干预。

如果是打架：

- 更有可能是一只猫追逐或"挑衅"另一只。
- 爪子更有可能是张开的。
- 很可能会有"嘶嘶"声、低吼声和"尖叫"声。
- 它们通常会试图躲避彼此。如果一只猫是受害者，它就会躲避或逃离另一只猫。

我们应该怎么做？

- 如果猫经常打斗或打斗严重，将它们分开24~48小时，然后像介绍新猫一样（详见附录5）重新介绍。如果战斗继续，将它们再次分开，并寻求专业帮助。
- 给猫喂食时要保持它们两个之间的距离。
- 增加资源位置，如喂食区、休息区和猫砂盆（详见附录3）。
- 如果即将打架，在它们之间设置一个物理屏障。
- 要注意，猫有时会重新定向攻击，所以要避免处理或接近那些高度兴奋和具有攻击性的猫。

挠抓家具

猫需要挠抓，这既可以去除外部的"老化"鞘来帮助修复它们的爪子，也可以作为气味和视觉上的一种标记。因此，为猫提供合适的供它们挠抓的表面是十分重要的。

- 在当前正在被挠抓的区域附近放置一个猫抓柱或猫抓板。
- 预先准备猫抓柱，鼓励猫使用它。
  - 通过将柱子或板在熟悉的区域上摩擦，或用一块干净的干布擦拭该区域，然后再擦在柱子或板上，以此从当前挠抓的区域转移气味。
  - 用螺丝钉事先刮擦猫抓柱。
  - 猫薄荷或特别准备的猫合成信息素可以帮助吸引一些猫使用猫抓柱。

- 降低家具对猫的吸引力（但在提供可行的替代方案之前不要这样做），用保鲜膜或几条双面胶带覆盖在不希望它挠抓的区域。首先用胶带测试一个小区域，以确保它不会损坏家具，并减少胶带的"黏性"，使猫在触摸它时无法享受到快乐，但没有不适感。覆盖在椅子或沙发上的松散的套子也会让猫更难去触碰或者挠抓家具。
- 如果在室内抓挠过度，可能与焦虑或应激有关。猫的应激最常见的原因是与其他猫争夺资源。如果是这样，遵循附录3中包含的建议可能会有所帮助。

© Trudi Atkinson.

附录 16
朋友或敌人

　　猫之间确实存在紧密的社会联系，但并不是所有生活在一起的猫都能融洽相处。打架是它们敌对的明显标志，但是打架很容易被误认为游戏，即使它们之间没有明显敌对的证据，这也并不表示它们是朋友。

友好关系的表现

- 互相梳理毛发。
- 碰鼻子和摇尾巴打招呼。
- 相互摩擦。
- 彼此渴望待在一起。
- 蜷缩在一起睡觉。
- 一起玩耍。

玩耍的象征

- 彼此平等地追逐。
- 爪子仍处于缩回状态，撕咬受抑制。
- 没有或很少发声。
- 玩耍后猫仍希望彼此靠近。

不友好关系的表现

- 相互躲避。
  - 在不同房间或同一房间的不同区域内睡觉或休息。
  - 当一只猫走进房间，另一只走出房间。
  - 跳上家具以避免交叉路径。
  - 另一只猫不在时进食、睡觉或使用猫砂盆。
  - 当一只猫在家里时，另一只猫花更多的时间在外面。

- 保护或阻止另一只猫接触重要资源。
- "嘶嘶"声、击打、追逐、打架。

打斗的象征

- 一只猫多次去追逐或捉弄另一只猫。
- 爪子频繁张开,多次撕咬。
- "嘶嘶"声、咆哮或者尖叫。

容忍关系的表现

　　猫之间存在另一种不是朋友但彼此相互容忍的关系,就像人类既不是家人又不是朋友,而是支付一半租金的合租室友的关系。这种关系的象征如下。
- 很少有友好关系的象征,不太可能互相舔毛或互相打架。
- 偶尔会以友好的方式打招呼。
- 可以共享最喜欢的休息区域,但彼此之间不接触。
- 它们没有尽力回避彼此,但也不主动寻找彼此。
　　可以观看猫保护组织拍摄的"朋友和敌人"视频。

附录 17
接近、轻抚和抱猫

最初如何接近和对待猫，以及可能会让猫感到愉悦的肢体互动的形式和次数，可能会影响猫如何对待这个人，特别是不认识的人，虽然总会有一定程度的个体差异。

接近、轻抚

如果猫愿意的话，最好是让它感觉自在的状态下，选择主动接近和互动。强制互动从来都不是个好主意。需要人主动减少与猫的距离，然后鼓励它靠近。

- 如果需要减少与猫的距离，要冷静缓慢，避免快速或突然的移动。
- 保持一定距离，以便猫可以主动接近。
- 避免使用浓烈的香水，因为这可能会阻止猫靠近，特别是当手上有香味的话。
- 避免向猫俯身或伸手。如果将身体高度降低到猫的水平，会显得不那么有威胁，猫也会更愿意接近（图 A17.1）。
- 避免长时间的直接目光接触，尤其是猫很紧张的时候。将身体微微朝侧面，不要直接面对猫，这样看起来就不那么危险了。
- 用柔和、平静、有节制的声音和猫说话。
- 避免大声的、突然的声音或噪声，猫可能认为是威胁（这样的噪声可能听起来类似于另一只猫的"嘶嘶"声）。
- 使用"缓慢眨眼"，如下所示。
  - 当猫看过来的时候，慢慢地闭上眼睛，保持几秒钟。
- 在试图触摸猫之前，先把手背给猫嗅闻一下。

如果猫走开了，或者没有表现出想要被抚摸的迹象，例如，没有把它的头放到手上，或者在手上摩蹭，那么最好不要碰它。如果它确实表现出想要被抚摸的迹象，请按以下步骤操作。

- 轻轻地抚摸它的下巴和侧脸。

图 A17.1　避免向猫俯身或伸手。试着降低身体高度到和猫一样的高度，把手伸给猫嗅闻。

- 这样做不超过几秒钟，然后停止，但保持手靠近它的脸，让它选择是否继续互动。如果它走开了，或者没有把头靠向你，就远离它。
- 一边抚摸一边和猫说话，保持声音平静、柔和和放松。
- 当猫变得更放松时，试着抚摸它身体的其他部位，一般都是从抚摸脸部和下巴开始。猫喜欢的地方会有所不同，有些会接受被触摸或抚摸，所以这可能是一个试错的过程。但是，许多猫不喜欢被触摸，特别是被一个陌生人摸爪子或腹部。

　　猫会表现出所谓的"社交翻滚"，即猫在伸展和张开爪子的同时仰面翻滚。这不应被解释为猫希望"摸它的肚子"，猫可能只是想玩，无需大惊小怪。此外，试图触摸猫的腹部可能会被一些猫视为威胁，并引发攻击性的防御反应。

　　如果猫出现以下任何行为，立即停止抚摸并离开。

- 瞳孔扩大。
- 摇尾巴。
- 猛然攻击或推开手。
- 咬人。
- 皮毛抽搐。
- 发出"嘶嘶"声或咆哮声。
- 后退或者跑开。
- 耳朵向后或者向旁边平折。

抱猫

　　除非是必须的，或者如果确定猫想被抱，否则不要抱猫（除非很了解猫，否则很容易误解此类信号）。

如果需要把猫抱起来：

- **千万不要**揪着猫的颈背把它拎起来。这对猫来说是痛苦和恐惧的，可能会产生防御和攻击反应。
- 确保猫的下部有很好的支撑，不要只抱住猫的胸部来"摇晃"它。
- 如果猫表现出任何想要被释放的迹象，立即这样做，不要拘束猫。
- 最好是允许和鼓励猫到身边，跳上膝盖，而不是试图强迫猫参与任何形式的身体互动或束缚。

建议观看国际猫护理机构制作的以下视频：

接近一只猫

如何触摸和抚摸猫

处理猫时注意事项

这些视频可通过以下链接访问：https://icatcare.org/advice/cat-handling-videos。

© Trudi Atkinson.

本附录根据知识共享署名 – 非商业性使用 – 相同方式共享 4.0 国际许可证发布（http://creativecommons.org/licences/bync-nd/4.0/）。

附录 18
识别焦虑

要发现一只猫是否有压力并不容易，因为对一只猫有压力的事情对另一只可能一点压力都没有，而且每只猫的反应都不一样。因为表现出任何弱点都可能让它们容易受到潜在捕食者甚至其他猫的攻击，它们很擅长隐藏自己的感情，尤其是当它们感到威胁的时候。

然而，以下迹象中的任何一种都可能是应激的表现。

应激的生理迹象

以下这些迹象更可能被视为急性应激的结果。

- 气喘吁吁。
- 唾液分泌。
- 瞳孔放大。
- 出汗的爪子。
- 尿失禁。
- 腹泻。
- 便秘。
- 食欲不振。

应激的行为迹象

- 提高警惕。
- 看上去紧张，只能短暂放松。
- 头和身体降低的姿势，特别是在猫感到害怕的时候，头部可以放置在比身体低的位置。
- 耳朵侧平。
- 尾巴紧贴身体。

- 食欲不振。
- 理毛次数减少，导致毛发蓬乱、不梳理，或"过度理毛"，导致经常吐毛球，如果理毛过多，也会有脱毛和斑秃。
- 退缩——不想与人互动、玩耍或被人打扰。
- 躲藏：持续、频繁地试图躲藏或逃跑。
- 佯装睡觉。如果一只猫无法摆脱让它感到紧张的事情，通常会假装睡觉，希望引起它紧张的人或东西会自行消失。
- 室内尿液标记（喷尿）是绝育家猫应激的常见表现。

© Trudi Atkinson.

本附录根据知识共享署名 – 非商业性使用 – 相同方式共享 4.0 国际许可证发布（http://creativecommons.org/licences/bync-nd/4.0/）。

名词解释

社交行为（**Affiliative behaviour**）：增加或维持个体之间良好关系的友好行为，例如，相互理毛和相互摩擦。

Allo：来自希腊语 allos，意为"其他"（如 allogrooming 指互相理毛，而不是自行理毛）。

儿茶酚胺（**Catecholamines**）：一类有机化合物，兼具激素、神经递质两者的作用。它们包括多巴胺，肾上腺素和去甲肾上腺素。

同种（**Conspecific**）：同一物种的动物。

应对策略（**Coping strategy**）：个体尝试减轻或容忍负面情绪状态的一种方法。

替代行为（**Displacement activity**）：不必要的或在日常行为之外进行的行为，例如，抓挠或理毛，通常是在缓和情感冲突时进行。

DNA：脱氧核糖核酸。染色体的主要成分和细胞内遗传信息的载体。

Dyad：由两部分组成，两个个体一组。

情绪冲突（**Emotional conflict**）：情绪冲突会导致困扰，例如，与依恋或可信任的个体有关的恐惧或沮丧。

内分泌腺（**Endocrine**）：将激素直接分泌到血液中的腺体。

上皮（**Epithelium**）：外表面和内表面的保护性覆盖物，例如，皮肤以及血管内部和腔的里面。

猫科（**Felidae**）：所有猫科家族。

神经节（**pl.ganglia**）：神经细胞和纤维集合成一个单一结构的集合。

遗传（**Genetic**）：关于基因或遗传性。

糖原（**Glycogen**）：葡萄糖在体内储存的形式。

稳态（**Homeostasis**）：维持内环境稳定的状态。

激素（**Hormone**）：由一种器官分泌并在血液中传递到另一种器官的具有特定功能的化学物质。

水解（**Hydrolysis**）：需要水的化学分解。

特发性（**Idiopathic**）：原因不明。

遗传的（**Inherent**）：出生时就存在的生理或行为特征，而不是"获得性"

的特征，"获得性"特征即受后天因素影响形成的特征。

边缘系统（Limbic system）：位于大脑皮层深处的大脑区域，涉及情绪的处理。边缘系统的主要结构包括杏仁核、海马体、基底神经节和扣带回。

代谢（Metabolism）：将食物转化为能量的有机过程。

幼态持续（Neoteny）：将青少年特征保留到成年。性早熟与幼态持续有关。

神经性疼痛（Neuropathic pain）：由于神经纤维受损或功能异常而引起的疼痛。

发情期（Oestrus）：雌性哺乳动物的性接受和生育期。

病理性（Pathological）：由疾病引起。

感光体（Photoreceptor）：一种或一组特殊神经细胞，对光敏感并能做出反应。

生理学（Physiological）：生物体的正常功能。

立毛反应（Piloerection）：皮肤中的肌肉收缩，使毛囊抬高，使毛发看起来直立起来，通常是对威胁的反应，使动物看起来比实际更大。

精神性的（Psychogenic）：起因于精神的。

资源（Resource）：个体需要或期望的任何东西，例如，食物、水、休息场所、领地、情感。

选择性繁殖（Selective breeding）（又名人工选择）：人以选择、增强或维持身体外观或行为气质的某个方面为目的对动物或植物的繁殖。

刺激物（Stimulus）（pl.stimuli）：可能引起生理反应的东西。感官对外部视觉、声音、气味和触觉刺激有反应。

合成（Synthesis）：由简单的成分生成更复杂的物质结构。

分类学（Taxonomy）：根据结构或来源的相似性对生物进行分类（形容词：taxonomic）。

实用网站

动物与行为训练委员会：www.abtcouncil.org.uk

ASAB 注册从业人员登记册：www.asab.org/ccab-register

宠物行为顾问协会：www.apbc.org.uk

猫科学（专业猫科动物兽医护理和建议）：

https://www.vetprofessionals.com/site/cat-professional

猫防护：https://www.cats.org.uk

Celia Haddon（有关行为问题的在线建议）：www.catexpert.co.uk

猫的漏食玩具：http://foodpuzzlesforcats.com

国际动物行为顾问协会：https://iaabc.org

国际猫护理：https://icatcare.org

保护宠物（猫护栏）：https://protectapet.com

建议阅读书目

Bradshaw J. (2013) *Cat Sense*: *The Feline Enigma Revealed*. Penguin Books, London.

Bradshaw, J. and Ellis, S. (2016) *The Trainable Cat*: *How to Make Life Happier for You and Your Cat*. Penguin Books, London.

Bradshaw, J.W.S., Casey, R.A. and Brown, S.L. (2012) *The Behaviour of the Domestic Cat*, 2nd edn. CAB International, Wallingford, UK.

Ellis, S. and Sparkes, A. (2016) *ISFM Guide to Feline Stress and Health*: *Managing Negative Emotions to Improve Feline Health and Wellbeing*. International Cat Care, Tisbury, Wiltshire, UK.

Rodan, I. and Heath, S. (2016) *Feline Behavioural Health and Welfare*. Saunders, Elsevier, St Louis, Missouri, USA.